普通高等教育“十二五”规划教材

Visual Basic 6.0 程序设计基础教程

——习题解答与上机指导

王　萍　聂伟强　主　编

敖小玲　傅清平　熊　刚　副主编

電子工業出版社

Publishing House of Electronics Industry

北京 • BEIJING

内 容 简 介

本书是与《Visual Basic 6.0 程序设计基础教程》一书配套使用的习题解答和上机练习指导用书，是编者多年实践教学经验的总结。全书主要包括两部分内容，第一部分为《Visual Basic 6.0 程序设计基础教程》一书中各章的习题解答；第二部分为上机实验指导，共有 11 个实验。另外，附录部分还给出了全国计算机等级考试的笔试模拟试题、上机考试模拟试题及参考答案各两套，以供参考。

本书内容丰富，习题解答详尽，叙述由浅入深，为学习和使用 Visual Basic 进行程序设计的初中级用户而编写。不仅可以作为 Visual Basic 程序设计基础教程的配套用书，还可以作为广大软件开发人员和自学者的参考用书。

图书在版编目（CIP）数据

Visual Basic 6.0 程序设计基础教程. 习题解答与上机指导 / 王萍，聂伟强主编. —北京：电子工业出版社，2012.3
（普通高等教育“十二五”规划教材）
ISBN 978-7-121-15554-3

Ⅰ. ①V… Ⅱ. ①王… ②聂… Ⅲ. ①BASIC 语言－程序设计－高等学校－教学参考资料 Ⅳ.①TP312

中国版本图书馆 CIP 数据核字（2011）第 264352 号

策划编辑：许存权
责任编辑：陈韦凯　　特约编辑：刘丽丽　刘海霞
印　　刷：北京虎彩文化传播有限公司
装　　订：北京虎彩文化传播有限公司
出版发行：电子工业出版社
　　　　　北京市海淀区万寿路 173 信箱　邮编 100036
开　　本：787×1092　1/16　印张：14　字数：355 千字
版　　次：2012 年 3 月第 1 版
印　　次：2022 年 1 月第 12 次印刷
定　　价：26.00 元

凡所购买电子工业出版社图书有缺损问题，请向购买书店调换。若书店售缺，请与本社发行部联系，联系及邮购电话：（010）88254888，88258888。

质量投诉请发邮件至 zlts@phei.com.cn，盗版侵权举报请发邮件至 dbqq@phei.com.cn。

本书咨询联系方式：（010）88254484，xucq@phei.com.cn。

Preface 前言

本书是《Visual Basic 6.0 程序设计基础教程》的教学参考书，可以与《Visual Basic 6.0 程序设计基础教程》配套使用。

全书主要内容由以下两个部分组成。

第一部分是“习题和参考答案”。这部分对《Visual Basic 6.0 程序设计基础教程》一书的全部习题进行了详细解答。旨在帮助读者深入理解教材内容，巩固所学基本概念，检验学习成果，为今后的计算机应用打下扎实的基础。为了便于阅读和理解程序，本书对编程题除给出参考程序外，还给出运行结果，以便读者对照分析。需要说明的是，对同一个题目可以编写出多种程序，书中给出的编程题答案只是其中一种参考答案。因此，希望读者不要局限和满足于书中给出的答案。在理解教材的基础上，相信读者能编写出质量更好的程序。

第二部分是“上机实验指导”。学习计算机程序设计的最终目的在于应用，而上机实验操作是应用的基础和捷径，只有通过上机实验，才能进一步深入理解和牢固掌握理论知识。这一部分详细介绍了 Visual Basic 6.0 的运行环境、安装过程和联机帮助，并较为系统地介绍了 Visual Basic 6.0 程序的调试和错误处理方法，同时根据《Visual Basic 6.0 程序设计基础教程》一书各章的重点和难点，分别设计了 11 个实验，对于每个实验内容，除给出具体要求外，还给出了较为完整的操作步骤和程序代码。力争让读者在较短的时间内，取得事半功倍的效果。若能配合《Visual Basic 6.0 程序设计基础教程》一书，有计划地按本书的要求安排上机，一定能迅速提高读者的实际操作能力。

除此之外，本书在附录部分还给出了全国计算机等级考试的笔试模拟试题、上机考试模拟试题及参考答案各两套，希望对参加计算机等级考试的读者有所帮助。

本书由从事 Visual Basic 6.0 教学的一线老师编写，参加编写的人员有王萍、聂伟强、敖小玲、傅清平、熊刚。全书由王萍、聂伟强总纂。

由于作者水平有限，书中难免有错误和不足之处，敬请读者批评指正。

编　者

Contents 目录

第一部分 《Visual Basic 6.0 程序设计基础教程》习题和参考答案

第二部分　上机实验指导

第一部分　《Visual Basic 6.0 程序设计基础教程》习题和参考答案

第 1 章　Visual Basic 概述

Visual Basic

1.1　选择题

1．在设计阶段，当双击窗体上的某个控件时，所打开的窗口是_____。

A．工程资源管理器窗口　　B．工具箱窗口

C．代码窗口　　D．属性窗口

2．在 Visual Basic 中，要把光标移到当前行末尾，可以使用键盘上的_____键。

A．Home　　B．End　　C．PgUp　　D．PgDown

3．程序模块文件的扩展名是_____。

A．.frm　　B．.prg　　C．.bas　　D．.vbp

4．下列不能打开菜单编辑器的操作是_____。

A．按组合键 Ctrl+E

B．单击工具栏中的“菜单编辑器”按钮

C．执行“工具”菜单中的“菜单编辑器”命令

D．按组合键 Shift+Alt+M

5．下列可以打开立即窗口的操作是按_____组合键。

A．Ctrl+D　　B．Ctrl+E　　C．Ctrl+F　　D．Ctrl+G

6．与传统的程序设计语言相比较，Visual Basic 的最突出的特点是_____。

A．结构化的程序设计

B．访问数据库

C．面向对象的可视化编程

D．良好的中文支持

【参考答案】

1. C　2. B　3. C　4. D　5. D　6. C

Visual Basic

1.2 填空题

1. Visual Basic 的 3 种工作模式是设计、运行和______。
2. Visual Basic 6.0 用于开发______环境下的应用程序。
3. Visual Basic 采用的是______驱动的编程机制。
4. Visual Basic 的帮助系统中获得帮助信息的方式有__________和____________两种。
5. Visual Basic 的程序设计方法是_____________设计。
6. “工程窗口”中显示的内容是________________。
7. 在工程资源管理器窗口中，显示出了________________所需要的文件清单。
8. 窗体布局窗口的主要用途是 _________________ 。

【参考答案】

1. 中断
2. Windows
3. 事件
4. 在线帮助　　上下文相关帮助
5. 面向对象的程序
6. 与工程有关的所有文件和对象的清单
7. 建立一个应用程序
8. 调整程序运行时窗体显示的位置

Visual Basic

1.3 简答题

1. Visual Basic 6.0 有几种版本，其不同点是什么？

【参考答案】

Visual Basic 6.0 包括 3 种版本，分别为学习版、专业版和企业版。这些版本是在相同的基础上建立起来的，因此，大多数应用程序可在 3 种版本中通用。3 种版本适合不同的用户层次。

（1）学习版。Visual Basic 的基础版本，可用来开发 Windows 应用程序。该版本包括所有的内部控件（标准控件）和网格（Grid）控件、Tab 对象及数据绑定（Data Bound）

控件。

（2）专业版。该版本为专业编程人员提供了一整套用于软件开发的功能完备的工具。它包括学习版的全部功能，同时包括 ActiveX 控件、Internet 控件、Crystal ReportWriter 和报表控件。

（3）企业版。可供专业编程人员开发功能强大的组内分布式应用程序。该版本包括专业版的全部功能，同时具有自动化管理器、部件管理器、数据库管理工具、MicrosoftVisual SourceSafe 面向工程版的控制系统等。

3 种版本中，企业版本功能最全，专业版本包括了学习版本的功能。

2．启动 Visual Basic 6.0 的方法有哪几种？

【参考答案】

启动 Visual Basic 6.0 的方法主要有以下几种：

（1）使用“开始”菜单中的“程序”命令。

（2）在“我的电脑”中双击“vb6.exe”图标，即可进入 Visual Basic 6.0 编程环境。

（3）使用“开始”菜单中的“运行”命令。

（4）建立启动 Visual Basic 6.0 的快捷方式。

第2章 应用程序设计初步

2.1 选择题

1．以下叙述中错误的是_____。

A．在工程资源管理器窗口中只能包含一个工程文件及属于该工程的其他文件

B．以.bas 为扩展名的文件是标准模块文件

C．窗体文件包含该窗体及其控件的属性

D．一个工程中可以含有多个标准模块文件

2．以下不属于 Visual Basic 系统的文件类型是_____。

A．.frm　　B．.bat　　C．.vbg　　D．.vbp

3．以下叙述中错误的是_____。

A．打开一个工程文件时，系统自动装入与其有关的窗体、标准模块等文件

B．保存 Visual Basic 程序时，应分别保存窗体文件及工程文件

C．Visual Basic 应用程序只能以解释方式执行

D．事件可以由用户引发，也可以由系统引发

4．以下叙述中错误的是_____。

A．一个工程可以包括多种类型的文件

B．Visual Basic 应用程序既能以编译方式执行，也能以解释方式执行

C．程序运行后，在内存中只能驻留一个窗体

D．对于事件驱动型应用程序，每次运行时的执行顺序可以不一样

5．当使用鼠标操作选择了多个控件，这时如果要取消当前多个控件的选择，正确的操作方法是_____。

A．用鼠标单击所选中的多个中的任意一个控件

B．用鼠标双击所选中的多个中的任意一个控件

C．用鼠标单击当前窗体的空白处

D．用鼠标右键单击所选中的多个中的任意一个控件

6．如果想同时调整选定控件的宽度和高度，正确的操作方法是_____。

A．只能用鼠标拖动控件右下角的小方块

B．只能用鼠标拖动控件左下角的小方块

C．用鼠标拖动控件四个角中任意一个角的小方块

D．用鼠标拖动控件四个边中任意一个角的小方块

7．下面关于控件的说法，不正确的是_____。

A．移动控件的方法：按住鼠标左键不放，拖动到新的位置再释放鼠标键

B．只能从工具栏中选中添加控件，不能在窗体上复制已经画好的控件

C．利用鼠标的操作，就可以同时修改控件的宽度和高度

D．有些控件没有标题 Caption 属性

8．如果要使窗体中的某一个控件变为活动的控件，正确的操作方法是_____。

A．用鼠标单击该控件　　B．用鼠标双击该控件

C．用鼠标单击该窗体　　D．用鼠标双击该窗体

9．下列叙述中错误的是_____。

A．Visual Basic 的所有对象都具有相同的属性项

B．Visual Basic 的同一类对象都具有相同的属性和行为方式

C．属性用来描述和规定对象应具有的特征和状态

D．设置属性的方法有两种

10．运行工程的错误操作是_____。

A．执行“运行”菜单中的“启动”命令

B．单击工具栏中的“启动”命令

C．按下 F5 功能键

D．按下 Alt+F5 组合键

【参考答案】

1．A　2．B　3．C　4．C　5．C　6．C　7．B　8．A　9．A　10．D

Visual Basic

2.2　填空题

1．Visual Basic 的控件有内部控件、_____和可插入对象 3 种类型。

2．Visual Basic 可视化编程的一般步骤有设计界面、_____和编写代码三步。

3．一个工程可以包含多种类型的文件，其中工程文件的扩展名是_____，窗体文件的扩展名是_____，标准模块文件的扩展名是_____。

4．Visual Basic 中有一种控件组合了文本框和列表框的特性，这种控件是_____。

5．建立窗口并存盘后，除了生成窗体文件外，还会生成 __________ 文件。

6．同时按下_______和“方向箭头”键也可以移动控件的位置。

7．启动 Visual Basic，选择标准 EXE 进入集成环境后，系统为用户启动建立一个窗体，并为该窗体起的临时名称是________。

8．为同一种对象设置不同的属性，可以使同一种对象具有不同的________和不同的__________。

【参考答案】

1．ActiveX 控件
2．设置属性
3．.vbp .frm .bas
4．组合框
5．工程
6．Ctrl
7．Form1
8．外观 内在性能

2.3 编程题

新建一个工程，将窗体的 Name 属性改为 F1，Caption 属性改为“我的第一个工程”，画一个文本框控件，如图 2-1 的 Text1 所示，在其属性窗口中修改 Text 属性值为“欢迎使用 Visual Basic”；画另一个文本框 Text2，将文本框 Text2 的 MultiLine 属性设置为 True，以便显示多行文本，修改其 Text 属性，使其内容如图 2-1 所示，在 Text 属性中输入每行文本后用“Ctrl+Enter”组合键换行；画 3 个命令按钮，修改它们的 Caption 属性，使按钮表面显示文字如图 2-1 所示；调整好界面中各控件的大小及位置；同时选中窗体上的所有控件，观察属性窗口显示的内容，使用 Font 属性将字号全部设置为 5 号。

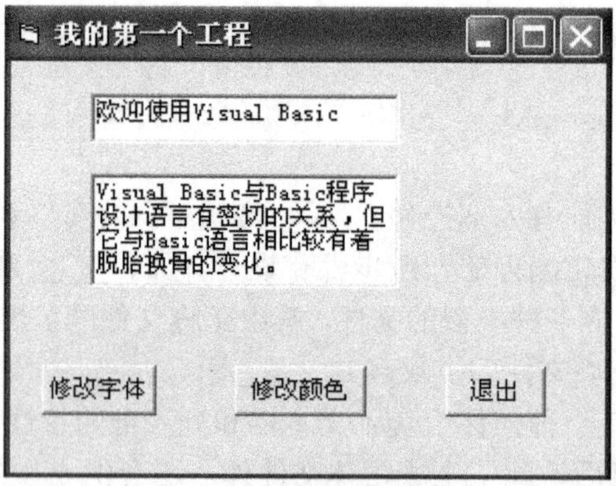

图 2-1 新建的工程

编写程序完成下面操作：单击“修改字体”按钮，将文本框 Text1 的字体改为黑体，将文本框 Text2 的字体改为仿宋；单击“修改颜色”按钮，将文本框 Text1 的文字颜色改为红色，将文本框 Text2 的背景颜色改为蓝色；单击“退出”按钮将结束程序的运行。

使用“文件”菜单下的“另存为”操作将当前工程存到磁盘上。

【参考答案】

（1）界面设计：新建一工程，在窗体内设置两个文本框 Text1 和 Text2，三个命令按钮 Command1，Command2 和 Command3，具体位置如图 2-1 所示。具体属性设置如表 2-1 所示。

表 2-1　属性设置列表

对象（名称）	属性	属性值
Form （Form1）	Name	F1
	Caption	我的第一个工程
TextBox （Text1）	Text	欢迎使用 Visual Basic
TextBox （Text2）	Text	Visual Basic 与 Basic 程序设计语言有密切的关系，但它与 Basic 语言相比较有着脱胎换骨的变化
CommandButton （Command1）	Caption	修改字体
CommandButton （Command2）	Caption	修改颜色
CommandButton （Command3）	Caption	退出

（2）代码编写。

“修改字体”按钮的单击鼠标事件代码如下：

```
Private Sub Commandl_Click()
 Textl．FontName="黑体"
 Text2．FontName="仿宋_GB2312"
EndSub
```

“修改颜色”按钮的单击鼠标事件代码如下：

```
Private Sub Command2_Click()
 Textl．ForeColor=vbRed
 Text2．BackColor=vbBlue
EndSub
```

“退出”按钮的单击鼠标事件代码如下：

```
Private Sub Command3_Click()
 End
End Sub
```

第3章 窗体和基本控件

Visual Basic

3.1 选择题

1．以下叙述中正确的是_____。

A．窗体的 Name 属性指定窗体的名称，用来标识一个窗体

B．窗体的 Name 属性的值是显示在窗体标题栏中的文本

C．可以在运行期间改变对象的 Name 属性的值

D．对象的 Name 属性值可以为空

2．以下关于窗体的描述中，错误的是_____。

A．执行 UnloadForm1 语句后，窗体 Form1 消失，但仍在内存中

B．窗体的 Load 事件在加载窗体时发生

C．当窗体的 Enabled 属性为 False 时，通过鼠标和键盘对窗体的操作都被禁止

D．窗体的 Height、Width 属性用于设置窗体的高和宽

3．以下叙述中错误的是_____。

A．双击鼠标可以触发 DblClick 事件

B．窗体或控件的事件的名称可以由编程人员确定

C．移动鼠标时，会触发 MouseMove 事件

D．控件的名称可以由编程人员设定

4．程序运行后，在窗体上单击鼠标，此时窗体不会接收到的事件是_____。

A．MouseDown　　B．MouseUp　　C．Load　　D．Click

5．如果要改变窗体的标题，则需要设置的属性是_____。

A．Caption　　B．Name　　C．BackColor　　D．BorderStyle

6．窗体的边框类型 BorderStyle 属性默认是 Sizable，表示_____。

A．窗体没有边框　　B．窗体是固定单边框

C．固定对话框　　D．窗体边框是可调整的

7．将命令按钮设为窗体的取消按钮要设置的属性是_____。

A．Quit　　B．Cancel

C．不能实现　　D．以上都不对

8．标签控件中，要更改文字对齐方式的属性项是_____。

A．Justify　　B．Font

C．Alignment　　D．以上都不是

9．要使文本框可输入多行文字，要更改的默认选项是_____。

A．ScrollBars 和 MultiLine　　B．MultiLine

C．ScrollBars　　D．以上都不是

10．下列控件中没有 Pictrue 属性的是_____。

A．窗体　　B．标签

C．命令按钮　　D．以上都不是

【参考答案】

1．A　2．A　3．B　4．C　5．A　6．D　7．B　8．C　9．A　10．B

Visual Basic

3.2　填空题

1．在 Visual Basic 中，窗体的窗口状态 WindowState 属性有 3 种，分别是_____、最小化状态和最大化状态。

2．当程序运行装入窗体时，最先触发的是_____事件。

3．在程序运行当中，一个窗体得到焦点时，最先触发的是_____事件。

4．补充下面的程序代码，使得当单击窗体上的命令按钮 Comnmnd1 时，该窗体高度缩小 1/2，宽度增加 1 倍。

```
Private Sub Command1_Click()
Form1．Height=_____
Form1．Width=_____
End Sub
```

5．补充下面的程序代码，使得当单击窗体上的命令按钮 Command1，该窗体上的文本框对象 Text1 隐藏，再次单击，又重新显示。

```
Private Sub Command1_Click()
Text1．Visible=_____
End Sub
```

6．补充下面的程序代码，使得当单击窗体上的命令按钮 Command1，该窗体上的标签对象 Label1 失效。

```
Private Sub Command1_Click()
Label1．Enabled=_____
EndSub
```

【参考答案】

1．正常状态

2．Load

3．GetFocus

4．Form1．Height/2　　　Form1．Width*2

5．Not Text1．Visible

6．False

3.3　编程题

1．启动 Visual Basic，新建一个标准 EXE 工程，建立 3 个文本框和两个命令按钮，如图 3-1 所示。运行时，用户在文本框 Text1 中输入内容的同时，文本框 Text2 和 Text3 显示相同的内容，但显示的字体不同（字体自定）。单击“清除”按钮清空 3 个文本框中的内容，单击“退出”按钮结束程序的运行。

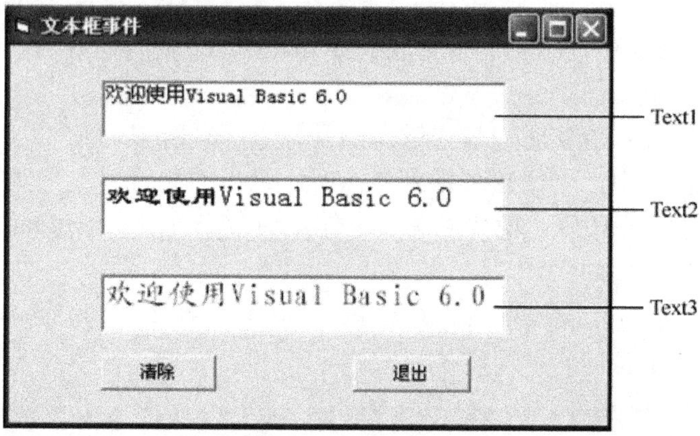

图 3-1　界面设计

提示：要在 Text1 改变内容时改变 Text2 和 Text3 的内容，需要使用文本框的 Change 事件。

【参考答案】

（1）界面设计：新建一工程，在窗体内设置 3 个文本框 Text1、Text2 和 Text3，两个命令按钮 Command1 和 Command2，具体位置如图 3-1 所示。具体属性设置如表 3-1 所示。

表 3-1　属性设置列表

控　件	属 性 项	属 性 值
Form1	Caption	文本框事件
Text1	Text	为空
	Font	宋体、五号
Text2	Text	为空
	Font	隶书、四号

续表

控　件	属　性　项	属　性　值
Text3	Text	为空
	Font	楷体_GB2312、三号
Command1	Caption	清除
Command2	Caption	退出

（2）代码编写如下：

```
Private Sub Textl_change()
    Text2．Text=Textl．Text
    Text3．Text= Text1．Text
End Sub
 Private Sub Commandl_Click()
    Textl．Text=""
    Text2．Text=""
    Text3．Text=""
 EndSub
Private Sub Command2_Click()
 End
End Sub
```

2．设计如图 3-2 所示的界面。运行时按下某命令按钮对文本框中的文字完成相应的设置。

其中，每单击一次“增大”或“缩小”按钮将使文本框中的文字增大或缩小 5 磅。

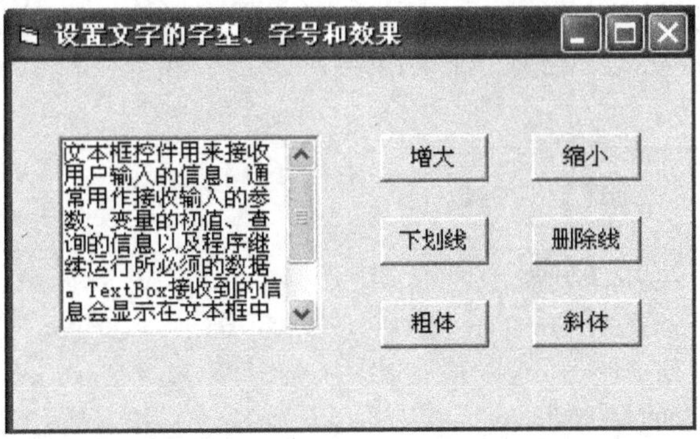

图 3-2　设置文字的字型、字号和效果

提示：其中文本框的字号属性为 FontSize，下划线属性为 FontUnderline，删除线属性为 FontStrikethru，粗体属性为 FontBold，斜体属性为 Fontltalic。

【参考答案】

（1）界面设计：新建一工程，在窗体内设置一个文本框 Text1，6 个命令按钮 Command1、Command2、Command3、Command4、Command5 和 Command6，具体位置如图 3-2 所示。

具体属性设置如表 3-2 所示。

表 3-2　属性设置列表

控件	属性项	属性值
Form1	Caption	设置文字的字型、字号和效果
Text1	Text	文本框控件用来接收用户输入的信息。通常用做接收输入的参数、变量的初值、查询的信息，以及程序继续运行所必须的数据。TextBox 接收到的信息会显示在文本框中，并成为 Text 属性值
	Font	宋体、小五号
	MultiLine	True
	ScrollBoars	2-垂直
Command1	Caption	增大
Command2	Caption	缩小
Command3	Caption	下画线
Command4	Caption	删除线
Command5	Caption	粗体
Command6	Caption	斜体

（2）代码编写如下：

```
Private Sub Commandl_Click()
    Text1．FontSize= Text1．FontSize +5
 EndSub
Private Sub Command2_Click()
    Text1．FontSize= Text1．FontSize -5
End Sub
Private Sub Command3_Click()
    Text1．FontUnderline=Ture
EndSub
Private Sub Command4_Click()
    Text1．FontStrikethru=Ture
End Sub
Private Sub Command5_Click()
    Text1．FontBold=Ture
EndSub
Private Sub Command6_Click()
    Text1．FontItalic=Ture
End Sub
```

第4章 Visual Basic 语言基础

4.1 选择题

1. 下列_____符号不能作为 VB 中的变量名。

A. ABCD　　B. E0065700

C. 123TWJGF　　D. zxy

2. 函数 Int（Rnd*100）是在_______范围内的整数。

A.（0，1）　　B.（0，100）　　C.（1，100）　　D.（1，90）

3. X 是大于 0 小于 45 的数，用 VB 表达式表示正确的是_____。

A. 0<=x<45　　B. 0<=x<=45

C. 0<=x and x<45　　D. 0<=x 或 x<45

4. 如 x 是一个正实数，对 x 的第二位小数四舍五入的表达式是_____。

A. 0.1*Int（x+0.05）

B. 0.1*Int（10*（x+0.05））

C. 0.1*Int（100*（x+0.5））

D. 0.1*Int（x+0.5）

5. 可以同时删除字符串前导和尾部空白的函数是_____。

A. Ltrim　　B. Rtrim　　C. Trim　　D. Mid

6. 下面语句的输出结果是_____。

```
Print Format $(12345.6,"000,000.00")
```

A. 12345.6　　B. 12,345.6　　C. 012,345.60　　D. 12,345.60

【参考答案】

1. C　2. B　3. C　4. B　5. C　6. C

4.2 填空题

1. ________是在程序运行过程中，其值不会发生变化，________是在程序运行过程中，其值可以发生变化的量。

2. Visual Basic 在同一行可以写多条语句，中间用_______分割，单行语句可分为多行书写，在本行最后加入续行符号________。

3．自定义类型中的元素类型可以是字符串，但该字符串必须是_________。

4．Visual Basic 在数据后面可以加上符号表示不同的数据类型，&表示_____，@表示_____，!表示________。

5．表达式 Int（-18.6）的值为________。

6．字符串运算符“+”连接两边的操作数必须是_________。

【参考答案】

1．常量　变量

2．:　　_

3．定长

4．长整型　　货币型　　　单精度型

5．-19

6．字符型

4.3 简答题

1．VB 提供了哪些标准的数据类型？声明类型关键字是什么？

2．在 VB 中对于没有赋值的变量，系统的默认值是多少？

3．根据条件写出 VB 表达式。

a．随即生成 50～100 之间的正整数。

b．表示 x 是 3 或 13 的倍数。

c．x 和 y 中有一个不等于 z。

【参考答案】

1．答：VB 6.0 中定义了 11 种数据类型，分别为整型、长整型、单精度型、双精度型、货币型、字节型、字符串型、布尔型、日期型、对象型、可变类型。声明一般使用 Dim 关键字。

2．答：系统的默认值为 0。

3．答：a．Int（51*Rnd+50）。

b．x/3=0 or x/13=0。

c．x<>z or y<>z。

第5章 程序结构

5.1 选择题

1．在窗体中添加名称为 Command1 和名称为 Command2 的命令按钮测验文本框 Text1，然后编写如下代码：

```
Private Sub Command1_Click()
  Text1.Text="AB"
End Sub
Private Sub Command2_Click()
  Text1.Text="CD"
End Sub
```

首先单击 Command2 按钮，然后再单击 Command1 按钮，在文本框中显示____。

A．AB　　B．CD　　C．ABCD　　D．CDAB

2．在窗体上画一个命令按钮 Command1，然后编写如下事件过程：

```
Private Sub Command1_Click()
  Dim x%,y
  x=5/4
  y=5/4
  Print x;y
End Sub
```

程序运行后，单击命令按钮，则在窗体上输出的信息是 ______ 。

A．1.25　1　　B．1　1

C．1　1.25　　D．1.25　1.25

3．以下 VB 程序段的输出结果是_______ 。

```
a=Sqr(3) : b=Sqr(2) : c=a>b
Print c
```

A．-1　　B．0　　C．False　　D．True

4．在 Visual Basic 中，下列控制结构不能嵌套的是 _____ 。

A．选择控制结构　　B．多分支控制结构

C．For 循环控制结构　　D．Do 循环控制结构

5．Print 方法可以在_______对象上输出数据。

A．桌面　　B．标题栏　　C．窗体　　D．状态栏

6．设 a=6，则执行 x=Iif（a>5,-1,0）后，x 的值为________。

A．5　　B．6　　C．0　　D．-1

【参考答案】

1．A　2．C　3．D　4．B　5．C　6．D

5.2　填空题

1．下面程序的功能是从键盘上输入一串字符，以"!"结束，并对输入字符中的字母个数和数字个数进行统计。请在______处填入正确的答案将程序补充完整。

```
Private Sub Form_Click()
Dim ch$,num1%,num2%
num1% = 0
num2% = 0
ch = InputBox("enter a character:")
While ch <> "!"
  If ch >= "a" And ch <= "z"_______ch >= "A" And ch <= "Z" Then
    num1 = num1 + 1
  ElseIf ch >= "0" ______ch <= "9" Then
    num2 = num2 + 1
  End If
  ch = InputBox("enter a character:")
_______
Print "Amount of leters;"; num1
Print "Amount of digits;"; num2
End Sub
```

2．下面程序的功能是求 100 以内的质数。编程思路是从 2 开始，依次判断每个数是否是质数，如果是就输出，否则继续往下，直到 100 为止。请在______处填入正确的答案将程序补充完整。

```
Private Sub Form_Click()
Dim value As Integer
Dim counter As Integer
Dim num As Integer
Forml.cls
For value = 2 To 100
  For counter = 2 To value -1
    If value Mod ________ = 0 Then
      Exit For
    End If
```

```
    Next
    If counter = ________ Then
    Print value; Tab;
    num = num + 1
    If num Mod 3 = 0 Then Print
    End If
  Next
  End Sub
```

【参考答案】

1．or　　and　　wend

2．Counter　　value

Visual Basic

5.3　编程题

1．小猴在一天摘了若干个桃子，当天吃掉 1/2 多一个，第二天接着吃掉剩下的桃子的 1/2 多一个，以后每天都吃剩下桃子的 1/2 多一个，到第 7 天早上要吃时只剩下一个了，问小猴那天共摘了几个桃子？

【参考答案】

（1）程序代码如下：

```
Private Sub Form_Click()
Dim i,n As Integer
    n=1
  For i=1 to 6
    n=2*n+1
  Next
Print "第一天共摘下";n;"只桃子"
End Sub
```

（2）程序运行结果如图 5-1 所示。

图 5-1　程序运行结果

2．某次比赛，有 7 个裁判打分，得分是去掉一个最高分，去掉一个最低分，求出平均分作为比赛选手的得分。

【参考答案】

（1）程序工作界面如图 5-2 所示。

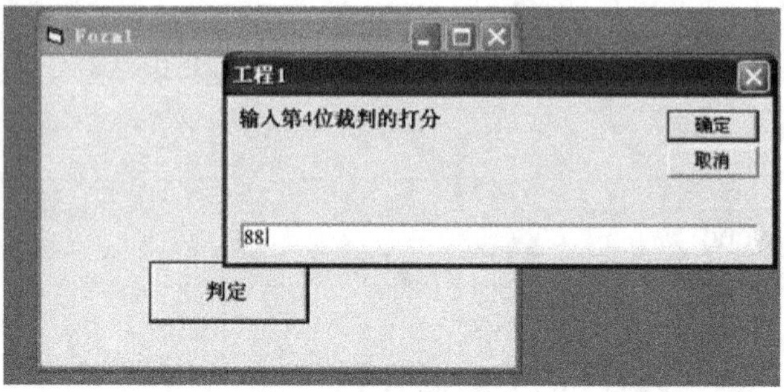

图 5-2　程序工作界面

（2）程序代码如下：

```
Private Sub Command1_Click()
Dim   mark!, aver!, i&, max1!, min1!
Aver=0
For i=1 to 7
    Mark=Inputbox("输入第" & I & "位裁判的打分")
    If i=1 Then
      Max1=mark: min1=mark
    Else
      If mark<min1 then
        Min1=mark
          Elseif mark >max1 then
        Max1=mark
      End If
End If
Aver=aver+mark
Next i
Aver =(aver-max1-min1)/5
Print aver
End Sub
```

3．从 3 个文本框中输入 3 个数值，并判断能否构成三角形，若能，则显示三角形的特征。

【参考答案】

（1）界面设计及其分析：新建一工程，在窗体内设置一个标签 Label1，3 个文本框

Text1，Text2，Text3，一个命令按钮 Command1，具体位置如图 5-3 所示。具体属性设置如表 5-1 所示。本题注意三角形的判定条件即可，使用双分支条件语句实现。

表 5-1　属性设置表

对象（名称）	属性	属性值
Form　（Form1）		
Label　（label1）	Caption	
TextBox　（Text1）	Text	
TextBox　（Text2）	Text	
TextBox　（Text3）	Text	
CommandButton　（Command1）	Caption	计算

（2）程序工作界面如图 5-3 所示。

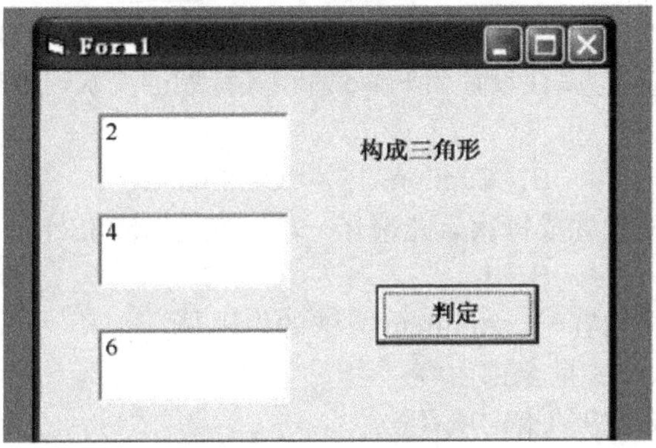

图 5-3　程序工作界面

（3）程序代码如下：

```
Private Sub Command1_Click()
  Dim a As Single,b   As Single,c As Single
  Dim cc
  a=Val(Text1.Text)
  b=Val(Text2.Text)
  c=Val(Text3.Text)
  cc=((a+b>c) and (c>0)) and ((a+c>b) and (b>0)) and ((b+c>a) and (a>0))
  If cc Then
    Label1.Caption="不构成三角形"
else
    Label1.Caption="构成三角形"
  End If
End Sub
```

第6章 常用内部控件

Visual Basic

6.1 选择题

1．当复选按钮被选中时，复选按钮的 Value 属性的值为_____。

A．0　　B．1　　C．2　　D．3

2．下列控件中，用于将窗体上的对象分组的是_____。

A．列表框　　B．组合框　　C．文本框　　D．框架

3．当把框架的_____属性设置为 False 时，其标题会变灰，框架中所有的对象均被屏蔽。

A．Name　　B．Caption　　C．Enabled　　D．Visible

4．如果将列表框设置成每次只能选择一项，应将 MultiSelect 属性设置为_____。

A．0　　B．1　　C．2　　D．3

5．在修改列表框内容时，AddItem 方法的作用是_____。

A．清除列表框中的全部内容

B．删除列表框中的指定项目

C．在列表框中插入多行文本

D．在列表框中插入一行文本

6．当滚动框位于最左端或最上端时，Value 属性被设置为_____。

A．Max　　B．Min

C．Max 和 Min 之间　　D．Max 和 Min 之外

7．设置列表框中列项数量的属性是_____。

A．List　　B．ListCount　　C．ListIndex　　D．Columns

8．要清除列表框中的所有列表项时，应使用_____方法。

A．Remove　　B．Clear　　C．RemoveItem　　D．Move

9．组合框控件是将_____组合成一个控件。

A．列表框控件和文本框控件　　B．标签控件和列表框控件

C．标签控件和文本框控件　　D．复选框控件和选项按钮控件

10．单击滚动条的滚动箭头时，产生的事件是_____。

A．Click　　B．Scroll　　C．Change　　D．Move

11．图片框和图像框对象的主要区别是图片框可以作为其他控件的父控件，而图像框只能显示_____。

A．文本内容　　B．文本和图形信息
C．图形信息　　D．程序代码

12．在程序运行期间可以用_____函数把图形装入窗体、图片框或图像框。

A．AutoSize　　B．Stretch　　C．Picture　　D．LoadPicture

13．以下不具有 Picture 属性的对象是_____。

A．窗体　　B．图片框　　C．图像框　　D．文本框

14．为了使计时器控件每隔 5s 产生一个计时器事件（Timer），则应将其 Interval 属性值设置为_____。

A．5　　B．500　　C．300　　D．5000

15．为了使图片框自动适应图形的大小，则应_____。

A．将其 AutoSize 属性值设置为 True
B．将其 AutoSize 属性值设置为 False
C．将其 Stretch 属性值设置为 True
D．将其 Stretch 属性值设置为 False

【参考答案】

1．B　2.D　3.C　4.A　5.D　6.B　7.D　8.B　9.A　10.C　11.C　12.D　13.D　14.D　15.A

Visual Basic

6.2　填空题

1．所有控件都具有的共同属性是_____属性。
2．Caption 属性用来设置控件对象的_____。
3．在运行应用程序代码给图像控件加载图像的语句格式是_____。
4．用 RemoveItem 方法删除列表框中的项目的格式是_____。
5．设置计时器控件只能触发_____事件。
6．设置计时器对象触发事件的时间间隔用_____属性。
7．复选框控件支持 Click 事件，但不支持_____事件。
8．滚动条控件的 Value 属性表示_____的当前位置。
9．如果要使用计时器控件按秒计时，应将 Interval 属性设置为_____。
10．当按下的鼠标键释放后，触发_____事件。

【参考答案】

1．Name
2．标题
3．LoadPicture("文件名")
4．Object.RemoveItem Index

5．Timer

6．Interval

7．DblClick

8．滚动条

9．1000

10．MouseUp

Visual Basic

6.3 编程题

1．编写一个计算教学工作量的程序，功能是在原始授课学时的基础上根据具体情况计算总工作量。其中辅导工作量为授课学时的 1/2，如果是副教授，则学时数要乘以 1.1，正教授则乘以 1.4，如果是上重复班的课则辅导工作量和授课工作量都乘以 1.3。运行界面如图 6-1 所示。

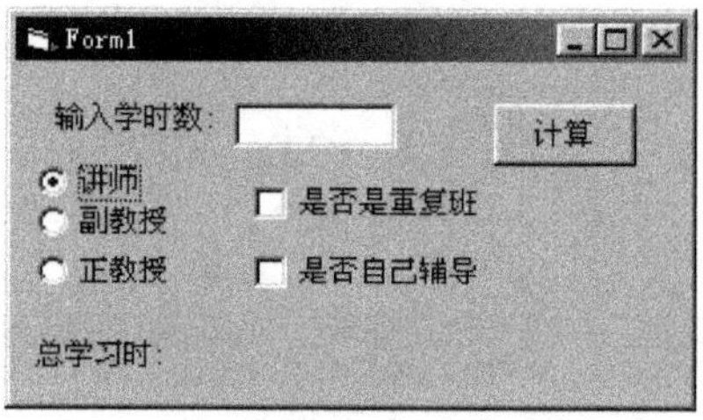

图 6-1　编程题 1 的界面

【参考答案】

（1）界面设计：新建一工程，在窗体内设置两个标签 Label1 和 Label2，3 个单选按钮 Option1，Option2 和 Option3，两个复选按钮 Check1 和 Check2，一个文本框 Text1，一个命令按钮 Command1，具体位置如图 6-1 所示，具体属性设置如表 6-1 所示。

表 6-1　编程题 1 的属性设置列表

对象（名称）	属性	属性值
Form （Form1）		
Label （label1）	Caption	输入学时数
Label （label2）	Caption	总学时数：
OptionButton （Option1）	Caption	讲师
OptionButton （Option2）	Caption	副教授
	Value	True
OptionButton （Option3）	Caption	正教授
CheckBox （Check1）	Caption	是否是重复班

续表

对象（名称）	属性	属性值
CheckBox （Check2）	Caption	是否自己辅导
TextBox （Text1）	Text	
CommandButton （Command1）	Caption	计算

（2）代码编写。

“计算”按钮的单击鼠标事件代码如下：

```
Private Sub Command1_Click()
    Dim xs As Single
    xs = Val(Text1.Text)
    If Check2.Value = 1 Then xs = xs * 1.5
    If Option2.Value Then xs = xs * 1.1
    If Option3.Value Then xs = xs * 1.4
    If Check1.Value = 1 Then xs = xs * 1.3
    Label2.Caption = "总学时数：" & xs
End Sub
```

2．编写一个点菜程序。窗体中显示可选菜列表和已点菜列表，通过双击可选菜列表将该菜增加到已点菜列表中，如果是重复菜则不增加，此外还可以通过双击已点菜列表删除某些点中的菜。

【参考答案】

（1）界面设计：新建一个工程，在窗体内设置两个标签 Label1 和 Label2，两个列表框 List1 和 List2，具体位置如图 6-2 所示，具体属性设置如表 6-2 所示。

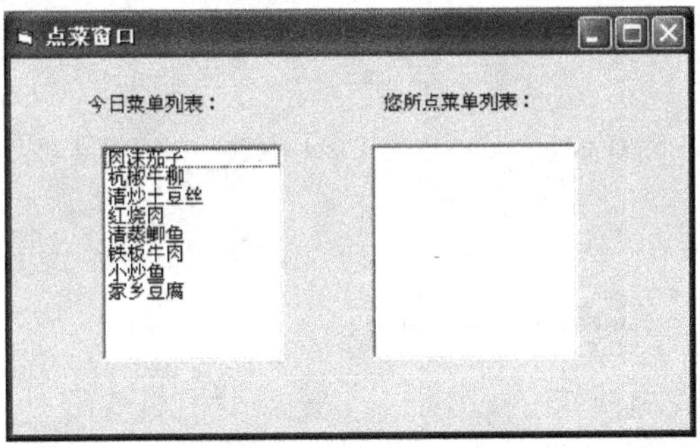

图 6-2　编程题 2 的界面

表 6-2　编程题 2 的属性设置列表

对象（名称）	属性	属性值
Form （Form1）	Caption	点菜窗口
Label （Label1）	Caption	今日菜单列表：

续表

对象（名称）	属性	属性值
Label （Label2）	Caption	您所点菜单列表：
ListBox （List1）	List	肉沫茄子 杭椒牛柳 清炒土豆丝 红烧肉 清蒸鲫鱼 铁板牛肉 小炒鱼 家乡豆腐
ListBox （List2）		

（2）代码编写。

' 列表框 list1 的双击鼠标事件代码如下：

```
Private Sub List1_DblClick()
  Dim i As Integer
  Dim flag As Boolean
  flag = True
  For i = 0 To List2.ListCount - 1
    List2.ListIndex = i
    If List1.Text = List2.Text Then
      flag = False
      Exit For
    End If
  Next
  If List1.ListIndex <> -1 And flag Then
   Call List2.AddItem(List1.Text)   ' 把 List1 中选中的选项添加到 List2 中去
  End If
End Sub
```

' 列表框 list2 的双击鼠标事件代码如下：

```
Private Sub List2_DblClick()
If List2.ListIndex <> -1 Then
   Call List2.RemoveItem(List2.ListIndex)
End If
End Sub
```

3．编写一个欢迎窗体，窗体中央显示两个大字“欢迎”，字的颜色可以不停地变化，同时窗体底部有一个可以移动的提示条（提示条的内容自拟），提示条总是从右往左滚动显示，待最后一个字滚动超出左边界后，又从窗体的右边界进入。

【参考答案】

（1）界面设计：新建一工程，在窗体内设置两个标签 Label1 和 Label2，两个计时器控件 Timer1 和 Timer2，具体位置如图 6-3 所示，具体属性设置如表 6-3 所示。

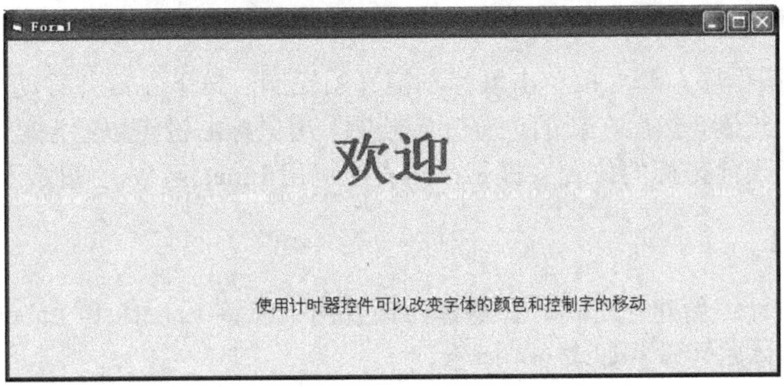

图 6-3　编程题 3 的界面

表 6-3　编程题 3 的属性设置列表

对象（名称）	属性	属性值
Form　（Form1）		
Label　（Label1）	Caption	欢迎
Label　（Label2）	Caption	使用计时器控件可以改变字体的颜色和控制字的移动
Timer　（Timer1）	Enabled	True
	Interval	500
Timer　（Timer2）	Enabled	True
	Interval	50

（2）代码编写。

' 计时器 Timer1 的计时器事件的代码如下：

```
Private Sub Timer1_Timer()
  Dim r As Integer, g As Integer, b As Integer
  Randomize
  r = Int(256 * Rnd)
  g = Int(256 * Rnd)
  b = Int(256 * Rnd)
  Label1.ForeColor = RGB(r, g, b)
End Sub
```

' 计时器 Timer2 的计时器事件的代码如下：

```
Private Sub Timer2_Timer()
```

```
    If Label2.Left < -Label2.Width Then
        Label2.Left = Form1.Width
    Else
        Label2.Left = Label2.Left - 50
    End If
End Sub
```

4．设计绘图程序。要求：单击鼠标左键开始绘制，按下左键并移动鼠标进行绘制，释放鼠标则停止绘制，然后在新的位置开始绘制。用鼠标右键可以绘制较粗的线条。在窗体的左下角显示当前坐标的位置（提示：画直线可用 Line()函数，画圆用 Circle()函数）。

【参考答案】

（1）界面设计：新建一工程，在窗体内设置两个标签 Label1 和 Label2，具体位置如图 6-4 所示，具体属性设置如表 6-4 所示。

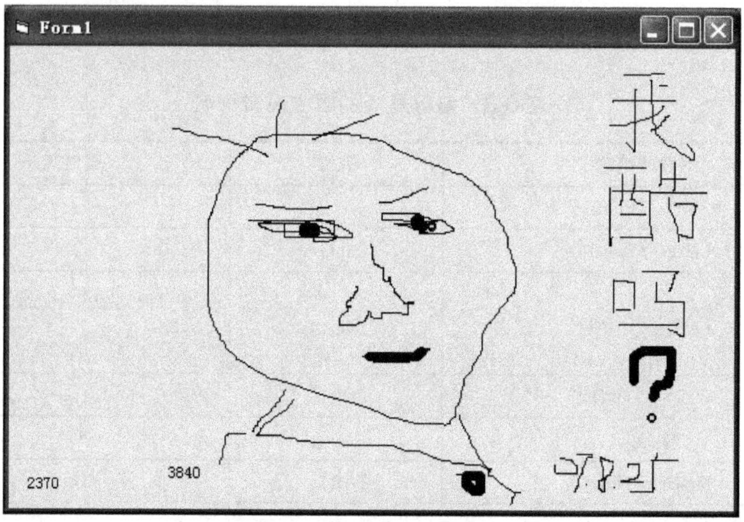

图 6-4　编程题 4 的界面

表 6-4　编程题 4 的属性设置列表

对象（名称）	属性	属性值
Form （Form1）		
Label （Label1）	AutoSize	True
Label （Label2）	AutoSize	True

（2）代码编写。

```
Dim x1 As Integer,y1 As Integer
```

' 按下鼠标的事件代码如下：

```
Private Sub Form_MouseDown(Button As Integer,Shift As Integer,X As Single,Y As Single)
```

```
    Dim k As Integer
    k = k + 1
    If k = 1 Then
      x1 = X
      y1 = Y
      Line (x1,y1)-(X,Y)
    End If
End Sub
```

' 移动鼠标的事件代码如下：

```
Private Sub Form_MouseMove(Button As Integer,Shift As Integer,X As Single,Y As Single)
    If Button = 1 Then Line –(X,Y)
    If Button = 2 Then
                Circle (X, Y),25
                Circle (X, Y),30
                Circle (X, Y),35
                Circle (X, Y),40
    End If
    Label1.Caption = Str(X)
    Label2.Caption = Str(Y)
End Sub
```

' 改变窗体大小的事件代码如下：

```
Private Sub Form_Resize()
   Label1.Top = Form1.ScaleTop + Form1.ScaleHeight - Label1.Height
   Label2.Top = Form1.ScaleTop + Form1.ScaleHeight - Label2.Height
End Sub
```

第7章 数　组

7.1 填空题

1. 如果不指定数组下界，默认情况下，数组下界为_____，否则，数组下界可由______语句指定。

2．数组的维数由下标个数决定。具有 1 个下标的数组称为______维数组，具有 2 个下标的数组称为______维数组，具有 3 个或 3 个以上的下标的数组称为______维数组。

3．声明数组时，下标只能是_____或_______，但在使用数组时下标可以是____，也可以是已赋值的_______。

4．ReDim 语句用于重新指定________数组的大小及维数。

5．默认情况下，假设 Dim a（8） As Double，该数组声明了_____个数组元素可供使用。如果设 Dim b（4,1 To 9） As Single，则它声明了一个具有______个数组元素的一维数组。

6．利用 Array（）函数给数组元素赋值时，数组应该声明为_____数组，数组的数据类型必须为变体类型。

7．利用函数________和函数________可以分别求出数组的上界和下界。

【参考答案】

1．0　　Option Base n

2．1　　2　　多

3．常量　　常量表达式　　常量　　变量

4．动态

5．9　　45　　2

6．动态

7．UBound　　LBound

7.2 选择题

1．下列数组声明中，不正确的是_______。

A．Dim x（）　As Integer

B．Dim x（8） As Integer

C．Dim n%: n = 10: Dim x（n） As Integer

D．Dim x%（8）

2．以下说法不正确的是＿＿＿＿＿。

A．可以通过 ReDim 语句改变动态数组的大小及维数

B．可以使用 Array()函数给动态变体类型数组元素赋值

C．数组必须先定义后使用

D．一个动态数组，不能通过 ReDim 语句多次改变该数组的大小

3．在 VB 中，假设 Dim y（10） As Double, n% 以下数组元素表示正确的是＿＿＿。

A．y[10] B．y（n+1） C．y10 D．y（-1）

4．数组一经声明 Dim z（1 To 12） As Integer，则以下说法正确的是＿＿＿。

A．z 数组中的所有元素值均为 0 B．z 数组中的所有元素值不确定

C．z 数组中的所有元素值均为 Empty D．以上答案均不正确

5．使用 Array 函数给 m 赋值时，m 必须是＿＿＿＿。

A．已经声明的静态数组

B．已经声明的动态数组且数据类型为变体

C．Variant 类型变量

D．已经声明的动态数组

6．设有如下程序代码：

```
Private Sub Command1_Click()
Dim a(-1 To 2) As Integer
    Print Lbound(a), Ubound(a)
End Sub
```

程序启动后，单击命令按钮 Command1，输出结果为＿＿＿＿。

A．-1 2 B．2 -1

C．2 -1 D．-1, 2

7．以下程序代码中 n 只能是＿＿＿＿。

```
...
For Each n In x
    Print n;
Next n
```

A．Variant 类型变量 B．已声明的动态数组

C．已声明的静态数组 D．整型变量

【参考答案】

1．C 2．D 3．B 4．A 5．B 6．A 7．A

Visual Basic

7.3 阅读下列程序，给出程序执行结果

1.

```
Private Sub Form_Click()
Dim a(10) As Integer, i As Integer
        For i = 0 To 10
                A(i) = 2 * i + 1
        Next i
        Print a(a(3))
    End Sub
```

2.

```
Private Sub Command1_Click()
                Dim M, k As Integer
                M = Array("a", "b", "c", "d", "e", "f", "g")
   For k=Lbound(M) To Ubound(M)
      Print M(k);
   Next k
End Sub
```

3.

```
Private Sub Form_Click()
        Dim x(26) As Integer
        Dim i As Integer
        For i = 1 To 26
           X(i) = 64 + i
        Next i
        For i = 26 To 1 Step -2
           Print Chr(x(i)) & ",";
        Next i
End Sub
```

4.

```
Private Sub Form_Click()
Dim x(3, 5) As Integer, i As Integer, j As Integer
        For i = 1 To 3
           For j = 1 To 5
              X(i, j) = x(i - 1, j - 1) + i + j
           Next j
        Next i
        Print x(3, 4) ; x(1, 5)
```

```
End Sub
```

【参考答案】

1. 15
2. abcdefg
3. Z,X,V,T,R,N,L,J,H,F,D,B
4. 15　6

7.4　编程题

1．输入一个日期，计算这一天是一年的第几天（提示：每个月的天数可以用一个整数数组保存）？

【参考答案】

（1）界面设计：新建一工程，在窗体内设置 3 个标签 Label1、Label2 和 Label3，一个文本框 Text1，一个命令按钮 Command1，具体位置如图 7-1 所示，具体属生设置如表 7-1 所示。

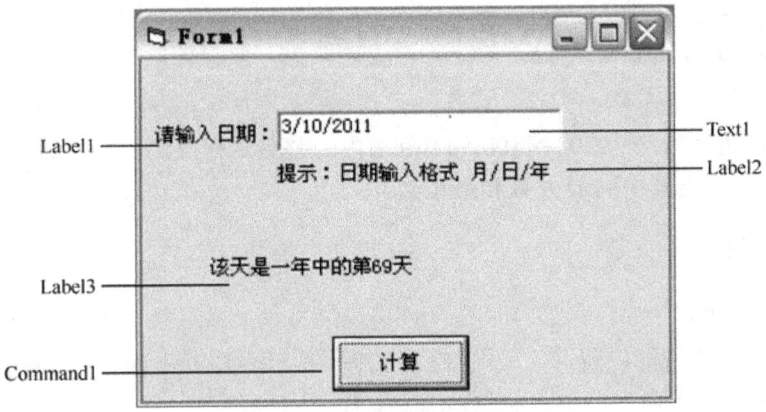

图 7-1　编程题 1 的界面

表 7-1　属性设置表

对象（名称）	属性	属性值
Label1	Caption	请输入日期：
Text1	Text	3/10/2011
Label2	Caption	提示：日期输入格式 月/日/年
Label3	Caption	该天是一年中的第 69 天
	AutoSize	True
Command1	Caption	计算

（2）程序代码如下：

```
Private Sub Command1_Click()
   Dim y As Integer
   Dim m As Integer
   Dim d As Integer
   Dim days As Integer
   Dim i As Integer   '循环变量
   Dim mm   '存放每一月的天数
   mm = Array(31,28,31,30,31,30,31,31,30,31,30,31)
   y = Val(Year(Text1))
   m = Val(Month(Text1))
   d = Val(Day(Text1))
   If m > 2 Then
      If (y Mod 4 = 0 And y Mod 100 <> 0) Or y Mod 400 = 0 Then
         days = 1
      End If
   End If
   For i = 1 To m - 1
      days = days + mm(i)
   Next i
   days = days + d
   Label3 = Label3 & days & "天"
End Sub
```

2．利用随机函数产生 20 个[100,500]范围内的整数，存放到一个一维数组中，按一行 5 个数输出，并找出其中的最大数和最小数。

【参考答案】

程序代码如下：

```
Private Sub Form_Click()
   Dim num(1 To 20) As Integer '存放随机整数
   Dim max As Integer
   Dim min As Integer
   Dim i As Integer   '循环变量
   Dim n As Integer   '统计一行输出数据个数
   '产生随机数
   Randomize
   For i = 1 To 20
      num(i) = Int(Rnd * 401 + 100)
   Next i
   '输出随机数
   Print
   Print "产生的[100,500]之间的随机数为："
```

```
    Print
    For i = 1 To 20
      Print num(i);
      n = n + 1
      If n Mod 5 = 0 Then Print '换行
    Next i
    '找出最大数和最小数
    max = num(1): min = num(1)
    For i = 2 To 20
      If num(i) > max Then
          max = num(i)
      ElseIf num(i) < min Then
          min = num(i)
      End If
    Next i
    Print
    Print "最大数为：" & max
    Print
    Print "最小数为：" & min
End Sub
```

3．利用数组，编程将一个字符串翻转。如字符串“ABCDEFGHIJK”翻转为“KJIHGFEDCBA”。

【参考答案】

（1）界面设计：新建一工程，在窗体内设置 3 个标签 Label1 和 Label2，一个文本框 Text1，一个命令按钮 Command1，具体位置如图 7-2 所示，具体属性设置如表 7-2 所示。

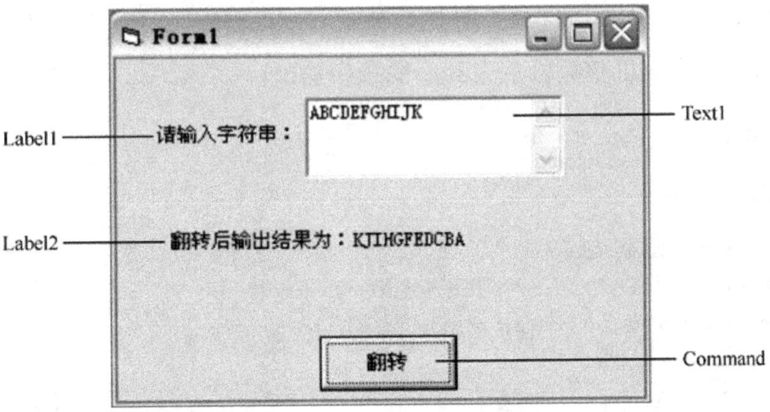

图 7-2　编程题 3 的界面

表 7-2　属性设置表

对象（名称）	属性	属性值
Label1	Caption	请输入字符串：
Text1	Text	ABCDEFGHIJK
	MultiLine	True
	ScrollBar	2-Vertical
Label2	Caption	翻转后输出结果为：
	AutoSize	True
Command1	Caption	翻转

（2）程序代码如下：

```
Private Sub Command1_Click()
   Dim s() As String * 1
   Dim length As Integer '存放字符个数
   Dim i As Integer    '循环变量
   length = Len(Text1)
   ReDim s(length)
   '将文本框的字符存放到数组中
   For i = 1 To length
      s(i) = Mid(Text1, i, 1)
   Next i
   '将数组中的字符翻转输出
   For i = length To 1 Step -1
      Label2 = Label2 + s(i)
   Next i
End Sub
```

4．编程将 10 个随机整数按从大到小的顺序输出。

【参考答案】

程序代码如下：

```
Private Sub Form_Click()
   Dim x(1 To 10) As Integer '存放随机整数
   Dim i As Integer, j As Integer    '循环变量
   Dim max As Integer
   Dim t As Integer
   '产生随机数并输出
   Print
   Print "产生的随机整数为："
   Randomize
```

```
    For i = 1 To 10
        x(i) = Int(Rnd * 101) '产生[0,100]之间的随机整数
        Print x(i);
    Next i
    '选择排序法
    For i = 1 To 9
        max = i
        For j = i To 10
            If x(j) > x(max) Then max = j
        Next j
        '交换
        t = x(i): x(i) = x(max): x(max) = t
    Next i
    '输出排序结果
    Print: Print
    Print "排序结果为："
    For i = 1 To 10
        Print x(i);
    Next i
End Sub
```

5．编程将随机产生的 1 个[0,35]范围内的整数插入到有序数组 5,9,11,16,23,28,30 中，使该数组仍然有序。

【参考答案】

程序代码如下：

```
Option Base 1
Private Sub Form_Click()
    Dim a(8) As Integer '存放一组序整数
    Dim n As Integer '存放一个随机整数
    Dim i As Integer '循环变量
    Randomize
    n = Int(Rnd * 35)
    Print "产生的随机整数为：" & n
    Print
    Print "原有序整数为："
    For i = 1 To 7
        a(i) = Val(InputBox("输入有序整数"))
        Print a(i);
    Next i
    Print: Print
    For i = 7 To 1 Step -1
        If n < a(i) Then
            a(i + 1) = a(i)
```

```
        Else
            Exit For
        End If
    Next i
    a(i + 1) = n
    Print "插入后结果为："
    For i = 1 To 8
        Print a(i);
    Next i
End Sub
```

6．编程输出如图 7-3 所示的杨辉三角形（要求打印 10 行）。

```
1
1    1
1    2    1
1    3    3    1
1    4    6    4    1
1    5    10   10   5    1
```

【参考答案】

程序代码如下：

```
Option Base 1
Private Sub Form_Click()
    Dim b(10, 10) As Integer
    Dim i As Integer, j As Integer '循环变量
    b(1, 1) = 1
    For i = 2 To 10
        b(i, 1) = 1
        For j = 2 To i
            b(i, j) = b(i - 1, j - 1) + b(i - 1, j)
        Next j
    Next i
    Print "杨辉三角形为："
    For i = 1 To 10
        For j = 1 To i
            Print b(i, j);
        Next j
        Print
    Next i
End Sub
```

程序运行结果如图 7-3 所示。

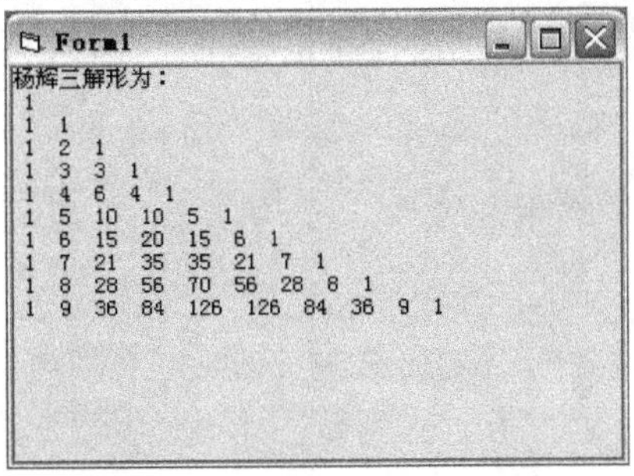

图 7-3　编程题 6 的运行结果界面

7．编一程序，统计 4 位评委给 5 名参赛歌手的成绩。评分规则为去掉一个最高分和一个最低分，然后计算余下评委的平均分，将该平均分作为参赛歌手的最终成绩。假设评委给参赛歌手的成绩在[0,10]范围内。

【参考答案】

程序代码如下：

```
Dim grade(1 To 5, 0 To 4) As Single '存放歌手成绩
Private Sub Command1_Click()
Dim m As Integer, n As Integer '循环变量
  Randomize
  For m = 1 To 5
    For n = 1 To 4
      grade(m, n) = Val(InputBox("输入第" & m & "名歌手的第" & n & "个成绩", "每位评委给歌手的成绩，保留 1 位小数位"))
    Next n
  Next m
End Sub
Private Sub Command2_Click()
  Dim i As Integer, j As Integer '循环变量
  Dim max As Single, min As Single
  For i = 1 To 5
    max = grade(i,1)
    min = grade(i,1)
    For j = 1 To 4
     grade(i, 0) = grade(i, 0) + grade(i, j)
     If grade(i, j) > max Then
       max = grade(i, j)
     ElseIf grade(i, j) < min Then
       min = grade(i, j)
     End If
    Next j
    grade(i, 0) = Int(((grade(i, 0) - max - min) / 2) * 100) / 100
  Next i
```

```
        Print "最终成绩    评委 1        评委 2        评委 3        评委 4"
        For i = 1 To 5
            For j = 0 To 4
                Print Tab(j * 10); grade(i, j);
            Next j
            Print
        Next i
    End Sub
```

程序运行结果如图 7-4 所示。

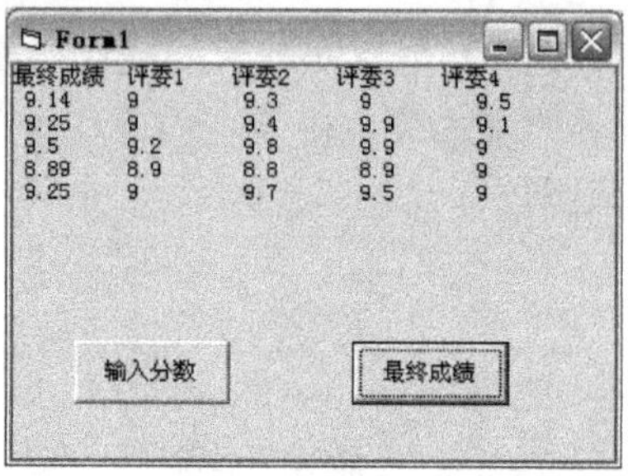

图 7-4　编程题 7 的运行结果界面

第8章 过程

8.1 填空题

1．Visual Basic 中，如果要求参数传递按值方式传递，则定义过程时形参前应加上关键字______；如果要求参数传递按地址方式传递，则定义过程时形参前应加上关键字______或不加任何关键字。

2．如果一个过程直接或间接地调用其本身，则称该过程的调用为______调用。

3．变量按作用域划分可分为局部变量、窗体级变量和全局变量三种。局部变量在______声明，窗体级变量在______声明，全局变量声明时在变量前要加上关键字______。

4．过程的作用域分为窗体级和全局级两种，定义窗体级过程，应在过程名前加上______关键字；定义全局级过程，应在过程名前加上________关键字或不加任何关键字。

5．下面函数过程是求 n^k 的，请将函数过程补充完整。

```
Private Function power(ByVal n As Integer, ByVal k As Integer) As Long
  Dim i As Integer
  Dim t As Long
  t = 1
  For i = 1 To k
    ________
  Next i
  ________
End Function
```

6．下面程序实现了计算 $1+2^2+3^3+\cdots+n^n$ 值，请将该程序补充完整。

```
Private Sub Form_Click()
  Dim n As Integer, s As Double
  n = Val(InputBox("输入 n 的值："))
  ________
  Print "其和为：" & s
End Sub
Private Function sum(ByVal n As Integer) As Double
  Dim i As Integer
  Dim t As Double
  For i = 1 To n
    t = t + i ^ i
```

```
    Next i
  ________
End Function
```

7．设工程中有一个窗体 Form1 和一个标准模块 Module1，在 Module1 中定义了过程 bb：

```
Sub bb(ByVal x As Single, ByVal y As Single, ByRef z As Single)
z=x*y
End Sub
```

当在 Form1 中单击命令按钮 Command1 时，调用 bb 过程并将计算结果显示在文本框 Text3 中，请在以下程序段中写出相应的调用语句。

```
Private Sub Command1_Click()
  Dim a As Single, b As Single, c As Single
a=Val(Text1.Text)
b=Val(Text2.Text)
Call ____________          ' 调用 bb 过程
Text3.Text=c
End Sub
```

【参考答案】

1．ByVal　　ByRef
2．递归
3．过程体内　　过程体外　　Public
4．Private　　Public
5．t=t*n　　power=t
6．s=sum(n)　　sum=t
7．bb(a,b,c)

Visual Basic

8.2　选择题

1．下面过程定义语句合法的是________。

A．Sub P1(ByVal x())　　B．Sub P1(x As Integer) As Single

C．Function P1(P1)　　D．Function P1(ByVal x)

2．在窗体模块通用中声明变量时，不能使用________关键字。

A．Dim　　B．Private　　C．Public　　D．Static

3．执行“工程”菜单下________命令，可以添加一个标准模块。

A．添加过程　　B．标准模块　　C．添加模块　　D．通用过程

4．下面________过程定义语句能实现该过程调用后返回两个值的功能。

A．Sub PP(ByVal x As Double, ByVal y As Single)

B．Sub PP(ByRef x As Double, ByVal y As Single)

C．Sub PP(ByRef x As Double, y As Single)

D．Sub PP(ByVal x As Double, ByRef y As Single)

5．运行下面的程序，单击命令按钮时，执行结果为______。

```
Private Sub Command1_Click()
    Dim x As Integer, y As Integer, z As Integer
    x = 1: y = 3: z = 5
    Print proc(z, x, y)
End Sub
Private Function proc(a As Integer,b As Integer,c As Integer)
    proc = 2*a + 3*b + 4 * c
End Function
```

A．31　　B．25　　C．20　　D．29

6．下列程序的执行结果为________。

```
Private Sub Form_Click()
  Dim a As Integer, b As Integer,c As Integer
  a = 10: b = 20
  c=fun(b,a)
  print a,b,c
End Sub
Private Function fun(ByVal x As Integer,y As Integer) As Integer
  x=2*x
  y=y+1
  fun=x-y
End Function
```

A．11　20　29　　B．20　21　-1

C．10　21　-1　　D．40　11　29

【参考答案】

1．D　2．D　3．C　4．C　5．B　6．A

8.3　阅读下列程序，给出程序执行结果

1．

```
Private Sub Command1_Click()
    Dim s As Integer
    s = p(1) + p(2) + p(3) + p(4)
    Print s;
```

```
End Sub
Private Function p(n As Integer) As Integer
        Dim sum As Integer
        Dim i As Integer
        For i = 1 To n
          sum = sum + i
        Next i
        p = sum
End Function
```

2.

```
Private Sub Command1_Click()
        Dim s1 As String,s2 As String
        s1 = "uvwxyz"
        Call invert(s1,s2)
        Print s2
End Sub
Private Sub invert(ByVal str1 As String,ByRef str2 As String)
        Dim temp As String
        Dim i As Integer
        i = Len(str1)
        Do While i >= 1
          temp = temp + Mid(str1,i,1)
          i = i - 1
        Loop
        str2 = temp
End Sub
```

3.

```
Private Sub Command1_Click()
        proc 2
End Sub
Private Sub proc(x As Integer)
        x = x * 2 + 1
        If x < 6 Then
          Call proc(x)
        End If
        x = x * 2 + 1
        Print x;
End Sub
```

4.

```
Private Sub Form_Click()
        Dim a As Integer,b As Integer
```

```
        a = 12
        b = 18
        Print "a=" & a,"b=" & b
        Call exchange(a,b)
        Print "a=" & a,"b=" & b
    End Sub
    Private Sub exchange(ByRef a As Integer,ByRef b As Integer)
        Dim t As Integer
        t = a: a = b: b = t
    End Sub
```

【参考答案】

1．20

2．zyxwvu

3．23　47

4．a=12　　　b=18

b=18　　　a=12

Visual Basic

8.4　编程题

1．定义 Function 函数过程，求 1−1/2+1/3−…+1/n 的值。

【参考答案】

程序代码如下：

```
Private Sub Form_Click()
  Dim n As Integer
  n = Val(InputBox("请输入 n 的值："))
  Print "其和为：" & total(n)
End Sub
Private Function total(ByVal n As Integer) As Single
  Dim s As Single   '存放和
  Dim i As Integer '循环变量
  Dim t As Integer
  t = 1
  For i = 1 To n
    s = s + t * 1 / i
    t = -t
  Next i
  total = s
End Function
```

2. 定义 Function 函数过程，求 1+（1+3）+（1+3+5）+…+（1+3+5…+n）的值。

【参考答案】

程序代码如下：

```
Private Sub Form_Click()
    Dim n As Integer
    n = Val(InputBox("请输入 n 的值："))
    Print "其和为：" & sum(n)
End Sub
Private Function sum(ByVal n As Integer) As Integer
    Dim s1 As Integer '存放奇数的和
    Dim s2 As Integer '存放最终结果
    Dim t As Integer
    Dim i As Integer '循环变量
    t = 1
    For i = 1 To n
        s1 = s1 + t   '计算奇数的和
        s2 = s2 + s1
        t = t + 2     '产生奇数
    Next i
    sum = s2
End Function
```

3. 自定义函数过程，求 n!。

【参考答案】

程序代码如下：

```
Private Sub Form_Click()
    Dim n As Integer
    n = Val(InputBox("请输入 n 的值："))
    Print n & "!=" & factorial(n)
End Sub
Private Function factorial(ByVal n As Integer) As Double
    Dim ft As Double
    Dim i As Integer
    ft = 1
    For i = 1 To n
        ft = ft * i
    Next i
    factorial = ft
End Function
```

4．编写一个过程，将 1～12 月份转换为对应英文月份。

【参考答案】

程序代码如下：

```
Private Sub Form_Click()
    Dim m As Integer
    Dim mm As String
    m = Val(InputBox("请输入月份："))
    Call fun(m, mm)
    Print m & "月对应的英文是：" & mm
End Sub
Private Sub fun(ByVal m As Integer,ByRef month As String)
    Select Case m
        Case 1
            month = "Jan"
        Case 2
            month = "Feb"
        Case 3
            month = "Mar"
        Case 4
            month = "Apr"
        Case 5
            month = "May"
        Case 6
            month = "Jun"
        Case 7
            month = "Jul"
        Case 8
            month = "Aug"
        Case 9
            month = "Sep"
        Case 10
            month = "Oct"
        Case 11
            month = "Nov"
        Case 12
            month = "Dec"
    End Select
End Sub
```

5．编写程序，输出如下所示图形，要求图形输出用自定义过程完成。

```
 A
BBB
```

CCCCC
DDDDDDD

【参考答案】

程序代码如下：

```
Private Sub graphics(ByVal n As Integer)
  Dim i As Integer
  Dim j As Integer
  For i = 1 To n
    Print Tab(n + 1 - i);
    For j = 1 To 2 * i - 1
      Print Chr(i + 64);
    Next j
    Print
  Next i
End Sub
Private Sub Form_Click()
  Dim n As Integer
  n = Val(InputBox("输入图形的行数："))
  Call graphics(n)
End Sub
```

6．编写一个过程，输入任意一个正整数，判断该数是否为素数。

【参考答案】

程序代码如下：

```
Private Function prime(ByVal n As Integer) As Integer
  Dim i As Integer
  For i = 2 To n - 1
    If n Mod i = 0 Then Exit For
  Next i
  If i >= n Then
    prime = 1
  Else
    prime = 0
  End If
End Function
Private Sub Form_Click()
  Dim n As Integer
  Dim f As Integer
  n = Val(InputBox("输入一个整数："))
  f = prime(n)
```

```
    If f = 1 Then
        Print n & "是素数"
    Else
        Print n & "不是素数"
    End If
End Sub
```

7．编写一个函数过程，求[3,99]之间所有素数的和。

【参考答案】

程序代码如下：

```
Private Function prime_sum(ByVal m As Integer, ByVal n As Integer) As Integer
    Dim i As Integer
    Dim j As Integer
    Dim s As Integer
    For i = m To n Step 2
        For j = 2 To i - 1
            If i Mod j = 0 Then Exit For
        Next j
        If j >= i Then s = s + i
    Next i
    prime_sum = s
End Function
Private Sub Form_Click()
    Dim m As Integer
    Dim n As Integer
    Dim sum As Integer
    m = 3: n = 99
    sum = prime_sum(m, n)
    Print "[" & m & "," & n & "]范围内素数的和为：" & sum
End Sub
```

8．编写一个过程，判断该年是否为闰年。

【参考答案】

程序代码如下：

```
Private Function leap_year(ByVal y As Integer) As Integer
    Dim yn As Integer
    If (y Mod 4 = 0 And y Mod 100 <> 0) or (y Mod 400 = 0) Then
        yn = 1
    Else
        yn = 0
    End If
```

```
    leap_year = yn
End Function
Private Sub Form_Click()
    Dim year As Integer
    Dim tf As Integer
    year = Val(InputBox("请输入年份："))
    tf = leap_year(year)
    If tf = 1 Then
        Print year & "年是闰年"
    Else
        Print year & "年不是闰年"
    End If
End Sub
```

9．使用过程的递归调用求 20 以内斐波那契数列所有项数的和。

【参考答案】

程序代码如下：

```
Private Function fb(ByVal n As Integer) As Double
    If n = 1 Then
        fb = 1
    ElseIf n = 2 Then
        fb = 1
    Else
        fb = fb(n - 2) + fb(n - 1)
    End If
End Function
Private Sub Form_Click()
    Dim n As Integer
    Dim i As Integer
    Dim s As Double
    n = Val(InputBox("输入数列项数："))
    For i = 1 To n
        Print fb(i);
        s = s + fb(i)
    Next i
    Print
    Print "前" & n & "项的和为：" & s
End Sub
```

第9章 界面设计

Visual Basic

9.1 选择题

1. 关于VB的菜单设计的叙述正确的是________。
   A. VB的菜单是一个控件，存在于VB的工具箱中
   B. VB的菜单具有外观和行为的属性
   C. VB的菜单设计是在“菜单编辑器”中进行的，它不是一个控件
   D. 菜单的属性是在“属性窗口”中设置的
2. 在用菜单编辑器设计菜单时，必须输入的项是________。
   A. 快捷键　　B. 标题　　C. 索引　　D. 名称
3. 在设计菜单时，如果要在菜单中加入一个菜单分隔项，则菜单分隔项的标题必须设置为________。
   A. 冒号（:）　　B. 加号（+）　　C. 减号（-）　　D. 感叹号（!）
4. 设在菜单编辑器中定义了一个菜单项，名为menu1。为了在运行时隐藏该菜单项，应使用的语句是________。
   A. Menu1.Enabled=True　　B. Menu1.Visible=True
   C. Menu1.Enabled=False　　D. Menu1.Visible=False
5. 设菜单中有一个菜单项为“Open”。若要为该菜单命令设置访问键，即按下Alt+O时，能够执行“Open”命令，则在菜单编辑器中设置“Open”命令的方式是________。
   A. 把Caption属性设置为&Open　　B. 把Caption属性设置为O&pen
   C. 把Name属性设置为&Open　　D. 把Name属性设置为O&pen
6. 以下叙述中错误的是________。
   A. 下拉式菜单和弹出式菜单都用菜单编辑器建立
   B. 在多窗体程序中，每个窗体都可以建立自己的菜单系统
   C. 除分隔线外，所有菜单项都能接收Click事件
   D. 如果把一个菜单项的Enabled属性设置为False，则该菜单项不可见
7. 对话框在关闭之前，不能继续执行应用程序的其他部分，这种对话框属于________。
   A. 输入对话框　　B. 输出对话框
   C. 模式对话框　　D. 无模式对话框
8. 创建自定义对话框第一步骤是________。
   A. 在工程中添加窗体　　B. 设计对话框外观

C．设计控件对象的外观和特征　　D．调整窗体的大小和位置

9．使用通用对话框之前要先将________添加到工具箱中。

A．ActiveX　　B．CommonDialog

C．File　　D．Open

10．使用“打开”对话框的方法是________。

A．双击工具箱中的“打开”对话框控件，将其添加到窗体上

B．单击 CommonDialog 控件，然后在窗体上画出“打开”对话框

C．在程序中用 Show 方法显示“打开”对话框

D．在程序中用 ShowOpen 方法显示“打开”对话框

11．以下叙述中错误的是________。

A．在程序运行时，通用对话框控件是不可见的

B．在同一个程序中，用不同的方法（如 ShowOpen 或 ShowSave 等）打开的通用对话框具有不同的作用

C．调用通用对话框控件的 ShowOpen 方法，可以直接打开在该通用对话框中指定的文件

D．调用通用对话框控件的 ShowColor 方法，可以打开颜色对话框

12．在窗体上画一个名称为 CommonDialog1 的通用对话框，一个名称为 Command1 的命令按钮。然后编写如下事件过程：

```
Private Sub Command1_Click()
CommonDialog1.FileName =""
CommonDialog1.Filter="All file|*.*|(*.Doc)|*.Doc|(*.Txt)|*.Txt"
CommonDialog1.FilterIndex=2
CommonDialog1.DialogTitle="VBTest"
CommonDialog1.Action=1
End Sub
```

对于这个程序，以下叙述中错误的是________。

A．该对话框被设置为“打开”对话框

B．在该对话框中指定的默认文件名为空

C．该对话框的标题为 VBTest

D．在该对话框中指定的默认文件类型为文本文件（*.Txt）

13．要使窗体 Form1 显示出来，应该使用________。

A．Load Form1　　B．Show.Form1

C．Form1 Load　　D．Form1.Show

14．以下叙述中错误的是________。

A．一个工程中只能有一个 Sub Main 过程

B．窗体的 Show 方法的作用是将指定的窗体装入内存并显示该窗体

C．窗体的 Hide 方法和 Unload 方法的作用完全相同

D．若工程文件中有多个窗体，可以根据需要指定一个窗体为启动窗体

15．以下关于多重窗体程序的叙述中，错误的是________。

A．用 Hide 方法不但可以隐藏窗体，而且能清除内存中的窗体

B．在多重窗体程序中，各窗体的菜单是彼此独立的

C．在多重窗体程序中，可以根据需要指定启动窗体

D．对于多重窗体程序，需要单独保存每个窗体

【参考答案】

1．B	2．D	3．C	4．D	5．A
6．D	7．C	8．A	9．B	10．D
11．C	12．D	13．D	14．C	15．A

Visual Basic

9.2　填空题

1．菜单控件只包含一个________事件。

2．为显示弹出式菜单，可以使用________方法。

3．如果要在菜单中添加一个分隔线，则应将其 Caption 属性设置为________。

4．CommonDialog 控件是属于________的一个组件。

5．要给工具栏按钮添加图像，应首先在________控件中添加所需要的图像，然后在工具栏的属性页中选择与该控件相关联。

6．在设计工具栏时，可以设置工具按钮的________属性为其添加功能提示。

7．要使工具栏控件的某按钮呈按钮菜单的样式，可以在其属性页中设置其________选项为 5-tbrDropDown。

8．要使用状态栏控件设计状态栏，应首先在"部件"对话框中选择________，然后从工具箱中选择________控件。

9．SDI 是指________界面，MDI 是指________界面。

10．一个应用程序最多可以有________个 MDI 父窗体。

【参考答案】

1．Click

2．PopupMenu

3．-

4．ActiveX 控件

5．ImageList

6．ToolTipText

7．样式

8．Microsoft Windows Common Control 6.0　　StatusBar

9．单文档　　多文档

10. 一

Visual Basic

9.3 简答题

1. 如何在应用程序中创建快捷菜单？
2. 什么是 ActiveX 控件？它与内部控件有何异同？
3. 如何在 VB 的工具箱上添加和删除 ActiveX 控件？

【参考答案】

1. 答：快捷菜单的创建是在菜单编辑器中完成的。在设计菜单时，将菜单的“可见”属性设置为 False，在程序代码中调用 PopupMenu 方法，在当前鼠标位置或指定的坐标位置显示特定菜单项的内容。

2. 答：ActiveX 控件是一种被封装起来的新的控件标准，它适合各种编程语言（如 VB、VC++等），因此，只需知道控件支持的属性、方法和事件，就可使用控件。ActiveX 控件是 VB 工具箱的扩充，在使用上与内部控件完全相同。不同之处在于：内部控件保存在 VB 的 EXE 文件内部，它们总是显示在工具箱上，不能往工具箱中增加和删除内部控件；而 ActiveX 控件单独保存在.ocx 类型的文件中，默认时，ActiveX 控件不直接出现在工具箱中，可以通过简单的方法在工具箱上添加和删除 ActiveX 控件。

3. 答：从“工程”菜单中选择“部件”菜单命令，弹出“部件”对话框，在“部件”对话框中选择“控件”标签，再选定所需 ActiveX 控件名旁边的复选框，单击“确定”按钮，所选的 ActiveX 控件就会出现在工具箱中。欲删除不需要的 ActiveX 控件，只需在上述过程中取消对应 ActiveX 控件名旁边的复选框的选择即可。

第10章 文件

10.1 选择题

1. 在 Visual Baisc 中按文件的访问方式不同，可以将文件分为_____。

A. 顺序文件、随机文件和二进制文件　　B. 文本文件和数据文件

C. 数据文件和可执行文件　　D. ASCII 文件和二进制文件

2. 在顺序文件中_____。

A. 每条记录的记录号按从小到大排序

B. 每条记录的长度按从小到大排序

C. 按记录的某个关键数据项的排序顺序组织文件

D. 记录按写入的先后顺序存放，并按写入的先后顺序读出

3. 执行语句 Open“c:StuData.dat” For Input As #2 后，系统_____。

A. 将 c 盘当前文件夹下名为 StuData.dat 的文件的内容读入内存

B. 在 c 盘当前文件夹下建立名为 StuData.dat 的顺序文件

C. 将内存数据存放在 c 盘当前文件夹下名为 StuData.dat 的文件中

D. 将某个磁盘文件的内容写入 c 盘当前文件夹下名为 StuData.dat 的文件中

4. 如果在 c 盘当前文件夹下已存在名为 StuData.dat 的顺序文件，那么执行语句 Open “c:StuData.dat” For Append As #1 之后将_____。

A. 删除文件中原有的内容

B. 保留文件中原有的内容，在文件尾添加新内容

C. 保留文件中原有的内容，在文件头开始添加新内容

D. 以上均不对

5. 随机文件使用_____语句写数据，使用_____语句读数据。

A. Input　　B. Write　　C. Input#　　D. Get

E. Put

6. Open 语句中的 For 子句默认，则隐含存取方式是_____。

A. Random　　B. Binary　　C. Input　　D. Output

7. 确定文件是顺序文件还是随机文件应在 Open 语句中使用_____。

A. For 子句　　B. Access 子句　　C. As 子句　　D. Len 子句

8. 向顺序文件（文件号为 1）写入数据正确的语句是_____。

A. Print 1,a; ",";y　　B. Print #1,a; ",";y

C．Print x;y　　D．print x,y

9．设已打开 5 个文件，文件号为 1,2,3,4,5。要关闭所有文件正确的是_____。

A．Close #1,2,3,4,5　　B．Close #1;#2;#3;#4;#5

C．Close #1-#5　　D．Close

10．获得打开文件的长度（字节数）应使用_____函数。

A．Lof　　B．Len　　C．Loc　　D．FileLen

11．给文件改名的 VB 语句正确的是_____。

A．Name　原文件名　To　新文件名

B．Rename　原文件名　To　新文件名

C．Name　原文件名　As　新文件名

D．Rename　原文件名　As　新文件名

12．使用驱动器列表框的_____属性可以返回或设置磁盘驱动器的名称。

A．ChDrive　　B．Drive　　C．List　　D．ListIndex

13．下面的叙述不正确的是_____。

A．驱动器列表框是一种能显示系统运行中所有有效磁盘驱动器的列表框

B．驱动器列表框的 Drive 属性只能在运行时被设置

C．从驱动器列表框中选择驱动器能自动变更系统的当前工作驱动器

D．要改变系统的当前工作驱动器只能使用 ChDrive 语句

14．改变驱动器列表框的 Drive 属性值将激活_____事件。

A．Change　　B．Scroll　　C KeyDown　　D．KeyUp

15．使用目录列表框的_____属性可以返回或设置当前工作目录的完整路径（包括驱动器符）。

A．Drive　　B．Path　　C．Dir　　D．ListIndex

16．文件列表框中用于设置或返回所选文件的路径和文件名的属性是_____。

A．File　　B．FilePath　　C．Path　　D．FileName

【参考答案】

1．A　2．D　3．A　4．B　5．ED　6．A　7．A　8．B　9．A

10．A　11．C　12．B　13．D　14．A　15．B　16．D

Visual Basic

10.2　填空题

1．文件必须先_____才能使用。

2．Open 语句中默认 For 子句时，则打开文件的存取方式是_____。

3．FileCopy 语句用来_____，如果对一个已打开的文件使用 FileCopy 语句，则会_____。

4．二进制文件是以_____为单位进行访问的文件。

5．将数据从内存写入随机文件，写入的语句的格式是_____。

6．删除磁盘文件的语句格式是______。

7．可同时对数据文件进行输入输出的数据文件是______。

8．顺序文件与随机文件相比较，占用内存资源较少的文件是______。

【参考答案】

1．打开

2．Random

3．复制文件　　出错

4．字节

5．Put #文件号,recnumber,varname

6．Kill pathname

7．随机文件

8．顺序文件

Visual Basic

10.3　编程题

1．在 c 盘当前文件夹下建立一个名为 StuData.txt 的顺序文件。要求用 InputBox 函数输入 5 名学生的学号（StuNo）、姓名（StuName）和英语成绩（StuEng）。

【参考答案】

（1）界面设计：新建一工程，在窗体内设置一个文本框，具体位置如图 10-1 所示，具体属性设置如表 10-1 所示。

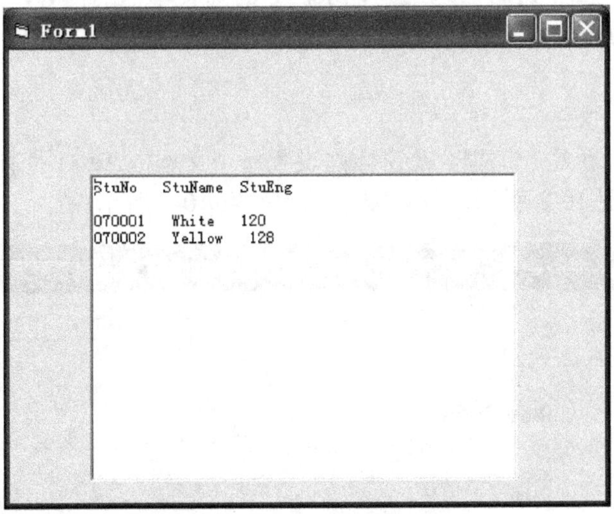

图 10-1　编程题 1 的界面

表 10-1 编程题 1 的属性设置列表

对象（名称）	属性	属性值
Form （Form1）		
Text （Text1）	text	StuNo StuName StuEng

（2）代码编写。

' 窗体装载的事件代码如下：

```
Private Sub Form_Load()
  Dim StuNo As String, StuName As String, StuEng As Integer
  Open "c:studata.txt" For Output As #1
  For k = 1 To 2
    StuNo = InputBox("请输入第" & k & "的学号")
    StuName = InputBox("请输入第" & k & "的姓名")
    StuEng = Cint(InputBox("请输入第" & k & "的英语成绩"))
    Write #1, StuNo, StuName, StuEng
    Text1.Text = Text1.Text + vbCrLf + StuNo + "      " + StuName + "      " & StuEng
  Next
End Sub
```

' 窗体卸载的事件代码如下：

```
Private Sub Form_Unload(Cancel As Integer)
 Close #1
End Sub
```

2．在 c 盘当前文件夹下建立一个名为 Data.txt 的顺序文件。要求用文本框输入若干英文单词，每次按下回车键时写入一条记录，并清除文本框的内容，直至在文本框 Text1 中输入“End”时为止。

【参考答案】

（1）界面设计：新建一工程，在窗体内设置一个文本框 Text1 控件和一个标签 Label1 控件，具体位置如图 10-2 所示，具体属性设置如表 10-2 所示。

图 10-2 编程题 2 的界面

表 10-2　编程题 2 的属性设置列表

对象（名称）	属性	属性值
Form （Form1）		
Label （Label1）	Caption	请输入单词：
Text （Text1）	Text	

（2）代码编写。

' 窗体装载的事件代码如下：

```
Private Sub Form_Load()
 Open "c:\Data.txt" For OutPut As #1
End Sub
```

' 按下键的事件代码如下：

```
Private Sub Text1_KeyDown(KeyCode As Integer, Shift As Integer)
  If KeyCode = vbKeyReturn Then
      Write #1, Text1.Text
      If Text1.Text = "End" Then
          Close #1
          Unload Me
      End If
      Text1.Text = ""
  End If
End Sub
```

3．从指定的任意一个驱动器中的任一个文件夹下查找文本文件，并将选定的文件的完整路径显示在文本框 Text1 中，文件内容显示在文本框 Text2 中，运行界面如图 10-3 所示。

【参考答案】

（1）界面设计：新建一工程，在窗体内设置 5 个标签控件 Label1、Label2、Label3、Label4 和 Label5，一个驱动器列表控件 Drive1，一个文件夹列表控件 Dir1，一个文件列表控件 File1，两个文本框控件 Text1 和 Text2，具体位置如图 10-3 所示，具体属性设置如表 10-3 所示。设置调试成功后，运行时的界面如图 10-4 所示。

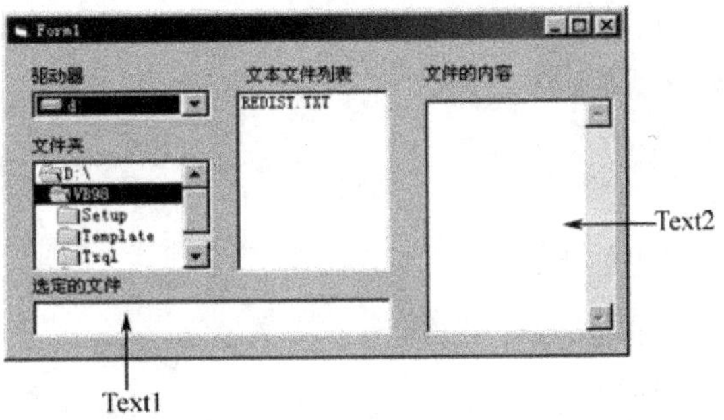

图 10-3　编程题 3 的界面

表 10-3　编程题 3 的属性设置列表

对象（名称）	属性	属性值
Form　（Form1）		
Label　（Label1）	Caption	驱动器
Label　（Label2）	Caption	文件夹
Label　（Label3）	Caption	文本文件列表
Label　（Label4）	Caption	文件的内容
Label　（Label5）	Caption	选定的文件
DriveListBox　（Drive1）		
DirListBox　（Dir1）		
FileListBox　（File1）		
Text　（Text1）	Text	
Text　（Text2）	MultiLine	True
	ScrollBars	2-VerTical

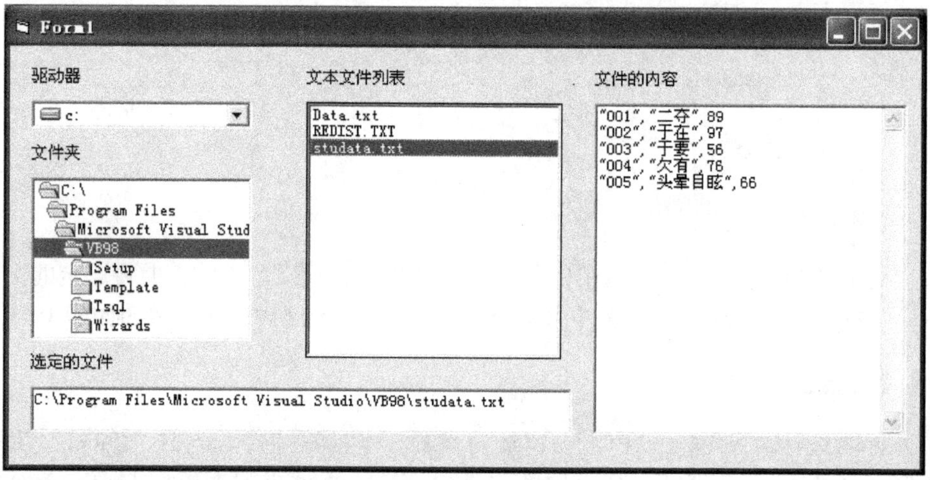

图 10-4　运行时的界面

（2）代码编写。

' 驱动器控件改变的事件代码如下：

```
Private Sub Dir1_Change()
  File1.Path = Dir1.Path
End Sub
```

'文件夹改变的事件代码如下：

```
Private Sub Drive1_Change()
  Dir1.Path = Drive1.Drive
End Sub
```

' 文件列表控件的单击鼠标的事件代码如下：

```
Private Sub File1_Click()
  Dim fname As String, mydata As String
  If Right(File1.Path, 1) = "\" Then
     fname = File1.Path + File1.FileName
  Else
     fname = File1.Path + "\" + File1.FileName
  End If
  Text1.Text = fname
  Open fname For Input As #1
  Do While Not EOF(1)
     Line Input #1, mydata
     Text2.Text = Text2.Text + mydata + vbCrLf
  Loop
  Close #1
End Sub
```

第 11 章 数据库技术

11.1 选择题

1．下面说法中错误的是________。

A．一个表可以构成一个数据库

B．多个表可以构成一个数据库

C．表中每条记录各个字段的数据具有相同的类型

D．同一个字段的数据具有相同的类型

2．Microsoft Access 数据库文件的扩展名是________。

A．.db　　B．.dbf　　C．.mdb　　D．.dbc

3．SQL 语句"SELECT 姓名,出生日期 FROM 学生基本情况 WHERE 专业='数学' "所查询的表名称是________。

A．姓名　　B．出生日期　　C．学生基本情况　　D．专业

4．当 RecordSet 对象的 BOF 属性为 True 时，表示________。

A．记录指针指向 RecordSet 对象的第一条记录

B．记录指针指向 RecordSet 对象的第一条记录之前

C．记录指针指向 RecordSet 对象的最后一条记录

D．记录指针指向 RecordSet 对象的最后一条记录之后

5．当 RecordSet 对象的 EOF 属性为 True 时，表示________。

A．记录指针指向 RecordSet 对象的第一条记录

B．记录指针指向 RecordSet 对象的第一条记录之前

C．记录指针指向 RecordSet 对象的最后一条记录

D．记录指针指向 RecordSet 对象的最后一条记录之后

6．下面有关 Data 控件的描述中，正确的是________。

A．使用 Data 控件可以直接显示数据库中的数据

B．使用数据绑定控件可以直接访问数据库中的数据

C．使用 Data 控件可以对数据库中的数据进行操作，却不能显示数据库中的数据

D．Data 控件只有通过数据绑定控件才可以访问数据库中的数据

7．下面________属性可以设置数据绑定控件的数据源属性。

A．DataField　　B．DataSource

C．DataBase　　D．RecordSource

8．下面________属性可以建立 ADO Data 控件到数据源的连接信息。

A．ConnectionString　　B．DataBase

C．DataSource　　D．RecordSource

9．下面________属性可以设置 ADO Data 控件具体访问的数据，这些数据构成记录集对象 RecordSet。

A．ConnectionString　　B．DataField

C．DataSource　　D．RecordSource

10．通过________方法可以实现 ADO Data 控件的查找操作。

A．Find　　B．FindFirst　　C．FindLast　　D．FindNext

【参考答案】

1．C	2．C	3．C	4．B	5．D
6．D	7．B	8．A	9．D	10．A

Visual Basic

11.2　填空题

1．按数据的组织方式，数据库可以分为________、________和________三种类型。

2．一个数据库中可以包括________张表，表中的________称为记录，表中的________称为字段。

3．Microsoft Access 数据库属于________数据库。

4．在 Visual Basic 集成开发环境中选择________菜单中的“可视化数据管理器”命令可以打开可视化数据管理器窗口。

5．利用可视化数据管理器可以建立________、________和________等操作。

6．在查询生成器中，可以使用________或________运算来设置多条件查询。

7．SQL 是一种________语言，使用 SQL 的________查询语句可以实现数据库的查询操作。

8．要设置 Data 控件所连接的数据库的名称及位置，需设置其________属性。

9．使用 ADO Data 控件之前，必须首先选择“部件”对话框中的________选项，将它添加到工具箱中。

10．________数据绑定控件是专用于与 Data 控件连接，________数据绑定控件是专用于与 ADO Data 控件连接。

【参考答案】

1．层次数据库　网状数据库　关系数据库

2．多　行　列

3．关系

4．外接程序

5．数据库　数据表　数据查询

6．And　Or

7．结构化查询　SELECT

8．DataBaseName

9．Microsoft ADO Data Control 6.0（OLEDB）

10．MSFlexGrid　DataGrid

Visual Basic

11.3 判断题

1．如果数据库是使用 Microsoft Access 2000 创建的，在当前 Visual Basic 环境中不能使用。

2．DataSource 是应用程序中数据绑定控件的一个属性，它可以设置一个数据源。

3．将数据控件的 Visible 属性设置为 True，则数据绑定控件无法绑定到该数据控件上。

4．ADO Data 控件可以使用的数据绑定控件有 Label、TextBox、CheckBox、OLE，以及 DBList、DBCombo 和 MSFlexGrid。

5．Data 控件可以使用的数据绑定控件有 Label、TextBox、CheckBox，以及 DataList、DataCombo、DataGrid 和 MSHFlexGrid。

6．ADO Data 控件并不属于 Visual Basic 的标准内部控件，所以不在原有的工具箱中。

7．SQL 语言的 select 语句可以对查询结果实现按照升序或降序的排列。

8．当在设计时设置了 DataGrid 控件的 DataSource 属性后，就会用数据源的记录集来自动填充该控件，以及自动设置该控件的列标头。

【参考答案】

1．×　2．√　3．×　4．×　5．×　6．√　7．√　8．√

第12章 应用程序发布

Visual Basic

12.1 简答题

1．如何启动打包和展开向导？

2．怎样发布应用程序？

3．如何测试安装程序？

【参考答案】

1．答：启动打包和展开向导有两种方法：一种是作为外接程序来启动，一种是作为独立应用程序来启动，具体启动方法如下：

（1）在 VB 集成开发环境下，用鼠标依次单击“外接程序”→“外接程序管理器”菜单命令，弹出“外接程序管理器”对话框，在“外接程序管理器”对话框中选择“打包和展开向导”选项，并选定“加载 / 卸载”复选框，将“打包和展开向导”命令添加到“外接程序”菜单，再用鼠标依次单击“外接程序”→“打包和展开向导”菜单命令，可以将打包和展开向导作为外接程序启动。

（2）用鼠标依次单击任务栏上的“开始”→“程序”→“Microsoft Visual Basic 6.0 中文版”→“Microsoft Visual Basic 6.0 中文版工具”→“Package & Deployment 向导”菜单命令，可以将打包和展开向导作为独立应用程序启动。

2．答：使用 Visual Basic 提供的“打包和展开向导”工具，可以实现通过软盘、光盘、网络等途径来发布应用程序。

在发布应用程序时，经过如下两个步骤：

（1）打包。将应用程序文件打包为一个或多个可以展开到选定位置的.cab 文件，对于某些类型的软件包，还必须创建安装程序。

（2）展开。将打好包的应用程序放置到适当的位置，以便用户可以从该位置安装应用程序。

3．答：测试安装程序必须在一台没有 Visual Basic；以及应用程序所需的任何 ActiveX 控件的机器上进行。测试安装程序包括测试基于软盘或基于光盘的安装程序；测试基于网络驱动器的安装程序；测试基于 Web 的安装程序。

第二部分　上机实验指导

第13章 Visual Basic 6.0 的安装和帮助功能

Visual Basic

13.1　Visual Basic 的安装

首先介绍一下 Visual Basic 6.0 的安装方法。

13.1.1　Visual Basic 6.0 的系统要求

目前，常用的计算机系统配置一般都能满足 Visual Basic 6.0 的要求。其中有 3 个主要的系统要求简述如下：

- 安装 Visual Basic 6.0 中文企业版安装向导的计算机要求 486DX66、Pentium 或更高的微处理器。
- 在 Windows95/98 下至少需要 16MB 以上内存，WindowsNT4.0 下需要 32MB 以上内存。一般应选 64MB 或 128MB，以便能提高运行 CD-ROM 和 Windows 应用程序等的速度。
- 硬盘空间。
  标准版：典型安装 48MB，完全安装 80MB。
  专业版：典型安装 48MB，完全安装 80MB。
  MSDN：至少需要 67MB。

MSDN 是 Visual Basic 帮助文件所必需的，它包含了 Visual Basic 的编程技术信息及其他资料，Visual Basic 6.0 的联机帮助文档采用 HTML 格式。

13.1.2　Visual Basic 6.0 的安装方法

Visual Basic 6.0 是 Visual studio 6.0 套装软件中的一个成员，它可以和 Visual studio 6.0 一起安装，也可以单独安装。单独安装的 Visual Basic 6.0 中文版包括 4 张光盘，其中两张为 MSDN。安装方式不同，启动方式也略有区别。在这里，假定所使用的 Visual Basic 6.0

是单独安装的。

Visual Basic 6.0 的安装过程与 Microsoft 其他应用软件的安装过程类似，首先将 Visual Basic 6.0 的安装光盘放入光驱，然后在“我的电脑”或“资源管理器”中执行安装光盘上的 Setup 程序（若没有取消“自动播放”功能，则安装程序将会自动运行）。

（1）运行 Setup 后，显示“Visual Basic 6.0 中文企业版安装向导”对话框，如图 13-1 所示。

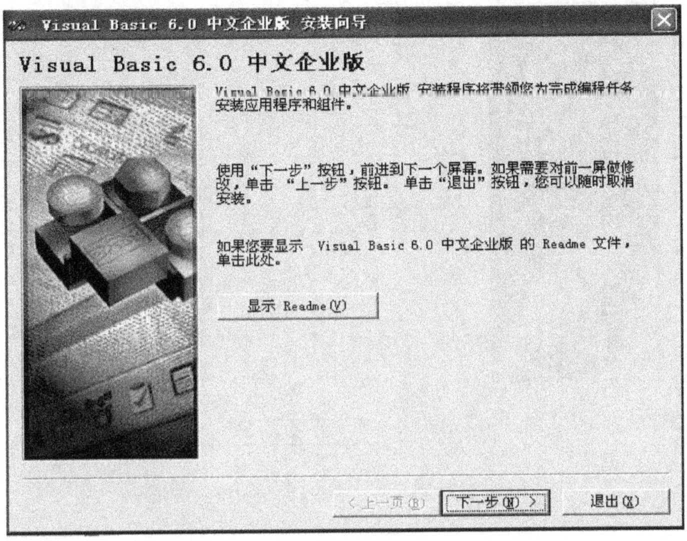

图 13-1　“Visual Basic 6.0 中文企业版安装向导”对话框

（2）单击“下一步”按钮，打开“最终用户许可协议”对话框，从中选择“接受协议”选项，如图 13-2 所示。

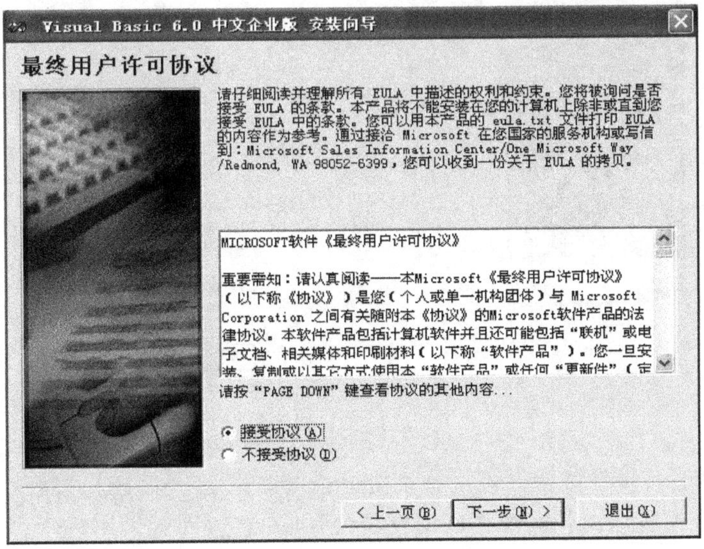

图 13-2　“最终用户许可协议”对话框

（3）单击“下一步”按钮，然后按照安装程序的要求输入产品的 ID 号、用户的姓名和公司名称，如图 13-3 所示。

（4）单击“下一步”按钮，打开“选择安装程序”对话框，从中选择“安装 Visual Basic 6.0 中文企业版”，如图 13-4 所示。

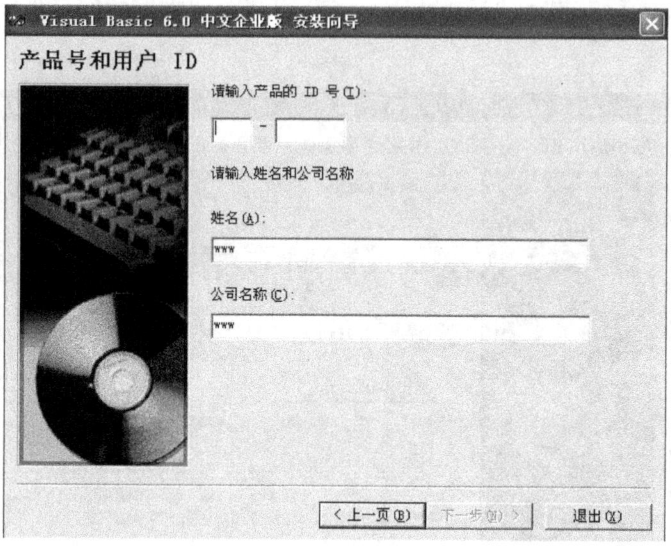

图 13-3 “产品号和用户 ID”对话框

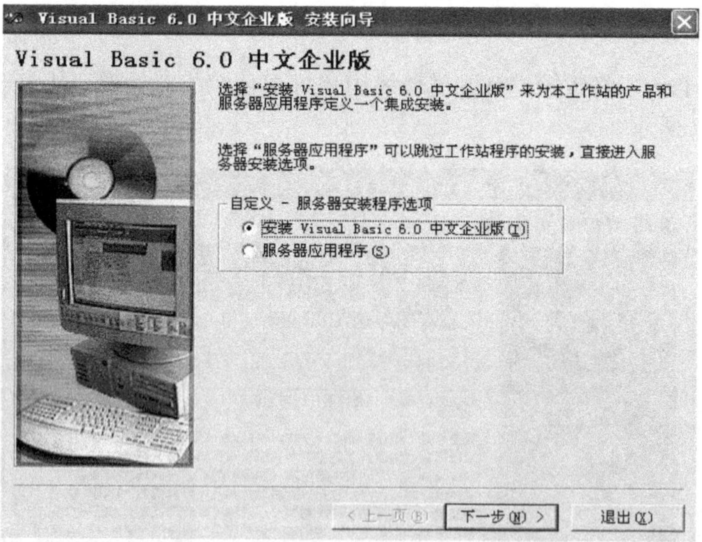

图 13-4 “选择安装程序”对话框

（5）单击“下一步”按钮，然后按照提示选择安装路径后，将打开“选择安装类型”对话框，如图 13-5 所示。若选择“典型安装”，则安装过程无须用户干预；若选择“自定义安装”，则自动打开“自定义安装”对话框，用户需在对话框中选择所需组件。

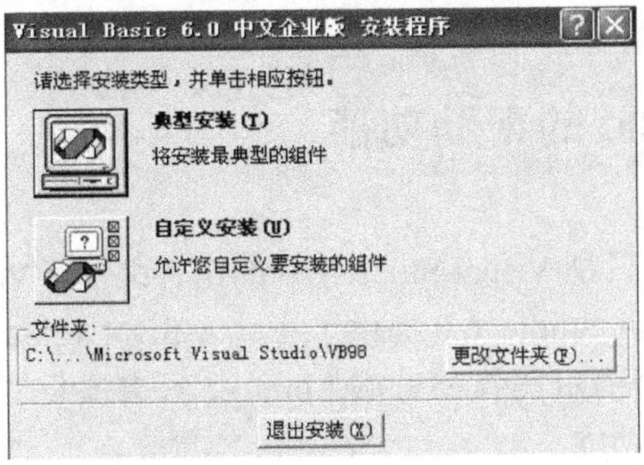

图 13-5　“选择安装类型”对话框

（6）单击“继续”按钮，安装程序将复制文件到硬盘中，如图 13-6 所示。复制结束后，需重新启动计算机，即可完成 Visual Basic 6.0 的安装。

图 13-6　“Visual Basic 6.0 中文企业版安装程序”对话框

（7）重新启动计算机后，安装程序将自动打开“安装 MSDN”对话框，若不安装 MSDN，则应取消“安装 MSDN”复选框，单击“退出”按钮；若安装 MSDN，则选中“安装 MSDN”对话框，单击“下一步”按钮。按提示进行操作即可，如图 13-7 所示。

图 13-7　“安装 MSDN”对话框

Visual Basic

13.2　Visual Basic 的帮助功能

由于 Visual Basic 6.0 只是 Visual Studio 6.0 的组件之一，Visual Basic 6.0 本身并不带有帮助。微软公司为 Visual Studio 6.0 提供了一套 MSDN Library 帮助系统。在安装完成 Visual Basic 6.0 时，系统会提示安装 MSDN Library，只有安装了 MSDN Library，在 Visual Basic 6.0 中才能使用帮助功能。

MSDN（Microsoft Developer Network）是使用 Microsoft 开发工具或是以 Windows 或 Internet 为开发平台的开发人员的基本参考。MSDN Library 包含了超过 1.1 GB 的编程技巧信息，其中包括示例代码、开发人员知识库、Visual Studio 文档、SDK 文档、技术文章、会议、技术讲座的论文及技术规范等。它是一本集程序设计指南、用户使用手册，以及库函数于一体的电子词典。使用 MSDN Library 的帮助功能，不仅可以引导初学者入门，还可帮助各种层次的用户完成应用程序的设计。只有学会了如何使用帮助信息，才能真正全面掌握 Visual Basic 6.0。下面简要介绍如何利用 MSDN Library 查找所需信息。

13.2.1　了解 MSDN Library 查阅器

MSDN Library Visual Studio 6.0 版是用 Microsoft HTML Help 系统制作的。HTML Help 文件在一个类似于浏览器的窗口中显示，该窗口不像完整版本的 Internet Explorer 那样带有所有工具栏书签列表和最终用户可见的图标，它只是一个分为 3 个窗格的帮助窗口。顶端的窗格包含有工具栏，左侧的窗格包含有各种定位方法，而右侧的窗格则显示主题内容，此窗格拥有完整的浏览器功能。任何可在 Internet Explorer 中显示的内容都可在 HTML Help 中显示。定位窗格包含有“目录”、“索引”、“搜索”及“书签”选项卡。单击目录、索引或书签列表中的主题，即可浏览 Library 中的各种信息，而“搜索”选项卡则可用于查找出现在任何主题中的所有单词或短语。

13.2.2　在 MSDN Library 中定位信息

有很多种方法都可用于查找所需的信息，MSDN Library 查阅器左侧定位窗格提供了多种查找信息的手段，而这些搜索方法的多种组合方式可使搜索更加快捷有效。

1. 从查阅器的定位窗格中查找主题

单击“目录”选项卡可浏览主题的标题。该目录是一个包含了 MSDN Library 中所有可用信息的可扩充列表。单击目录中的主题，可浏览该主题。单击工具栏上的“定位”按钮。目录将会与所浏览的主题保持同步。如果只对目录的一部分感兴趣，还可定义一个只显示所需信息的子集。

在浏览主题的标题时，可以展开或收缩节点：

- 在目录中单击节点前的加号（+）可展开此节点，然后双击要查看的项目。
- 单击节点前的减号（-）可收缩此节点。
- 还可使用 UP 和 DOWN 方向键在垂直方向移动来定位节点，使用 LEFT 和 RIGHT 方向键可展开和收缩节点。
- 也可使用工具栏上的“前进”和“后退”按钮来完成展开和收缩节点的操作。

2. 通过索引查找信息

“索引”选项卡包含了一份关键字列表，这些关键字与众多的 MSDN Library 主题相关联。单击“索引”选项卡可查看索引项的列表，然后输入一个与所需查找的信息有关的关键字或滚动翻阅整个列表来查找关键字。与传统书籍的索引一样，一个主题通常可通过多个索引项进行检索。

注意：在选定子集后，在定位窗格中单击“索引”选项卡，将显示全部索引，但是该活动子集中不包含的关键字显示为虚字且不可用。

3. 通过全文搜索查找信息

单击“搜索”选项卡可查找到包含在某个主题中的所有词组或短语。通过将搜索限制在部分内容中、或是定义主题子集都可缩小搜索的范围。

主题搜索的基本表达式由所需查找的词或短语组成。用户还可使用通配符表达式、嵌套表达式、布尔操作符、相似字匹配、前一次搜索结果的列表或是主题的标题来优化搜索。

4. 创建书签列表

单击“书签”选项卡可创建或访问书签的列表。用户只需简单地标记书签中的某些主题，即可重新访问它们。

用户若要创建书签列表，单击定位窗格的“目录”、“索引”或“搜索”选项卡，然后打开要收入书签的主题。之后再单击“书签”选项卡，此时刚才所选的主题将显示在“当前主题”区域中，这时单击“添加”按钮可将此主题添加到书签列表中。

13.2.3 应用 MSDN Library 进行其他工作

可以通过创建和使用子集使 MSDN Library 只显示感兴趣的内容。通过复制打印主题可使用户全部或部分选中需要复制的主题，然后将其内容复制到其他文档或打印输出。通过检索示例用户不仅可以浏览每个示例的各份源文件，还可利用这些源文件建立自己的应用程序。而自定义查阅器可以改变主题窗格中的字体大小，调整定位窗格和主题窗格的宽度。

13.2.4 从 Internet 上获得帮助

随着 Internet 的发展，信息的传递变得更加迅速，人们获取信息的方式也发生了很大的变化，通过访问 Internet，可以获得很多有关 Visual Basic 的信息。微软公司也为 Visual Basic 提供了相应的主页地址，即 http：//www. microsoft. corn/vbasic/。在该节点提供了如下的信息：

（1）Visual Basic 基础知识。包括 Visual Basic 的入门，常见错误和修改错误的报告及其他信息主题。

（2）Visual Basic 软件库。包括程序文件的更新，帮助的更新，驱动程序和其他 Visual Basic 相关文件。

（3）Visual Basic 常见问题。包括产品支持服务中最常见问题的答案。

在 Visual Basic 6.0 中，可以从“帮助”菜单中选择“Web 上的 Microsoft”命令访问 Microsoft Visual Basic Web 节点，当选中该命令时，会显示出子菜单，从子菜单中选择合适的选项，即可访问相应的内容。当选中某一项目后，系统会自动打开 Internet Explorer 浏览器并链接相应网站。

第14章 程序调试与错误处理

对于较复杂的大型程序来说，错误是不可避免的。在一般情况下，通过审查程序代码就可以发现错误，但是，有些错误可能比较隐蔽，不易发现，需要借助调试工具来查找和改正。为了方便编程人员发现程序中的错误，几乎所有程序设计语言都提供了程序调试手段。

在应用程序中查找并修改错误的过程称为调试。Visual Basic 具有丰富的调试手段，利用这些手段，可以较快地查找和排除错误。程序调试主要通过“调试”菜单和“调试”工具条来实现。在一般情况下，“调试”工具条是隐藏的，可以用下面的操作显示该工具条。

（1）在工具栏上单击鼠标右键，弹出一个菜单，如图 14-1 所示。

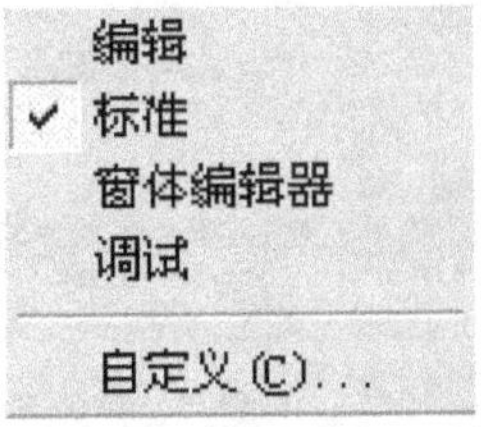

图 14-1　打开“调试”工具条

（2）单击菜单中的“调试”命令，即可打开“调试”工具条，如图 14-2 所示。

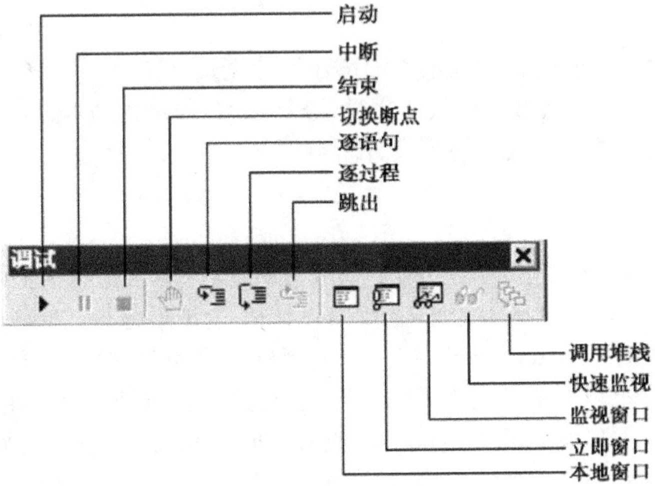

图 14-2　“调试”工具条

本章将介绍 Visual Basic 的调试工具，同时介绍 Visual Basic 的错误处理方法。

14.1 Visual Basic 模式及错误类型

从设计到执行，一个 Visual Basic 应用程序处于不同的模式（Mode）之中。这一节将讨论 Visual Basic 的几种模式，并介绍在 Visual Basic 应用程序中常见的错误类型。

14.1.1 Visual Basic 的模式

Visual Basic 有 3 种模式，即设计模式（Design Mode）、运行模式（Run Mode）和中断模式（Break Mode）。

1. 设计模式

启动 Visual Basic 后，即进入设计模式，在主窗口标题条上显示“[设计]”字样，如图 14-3 所示。

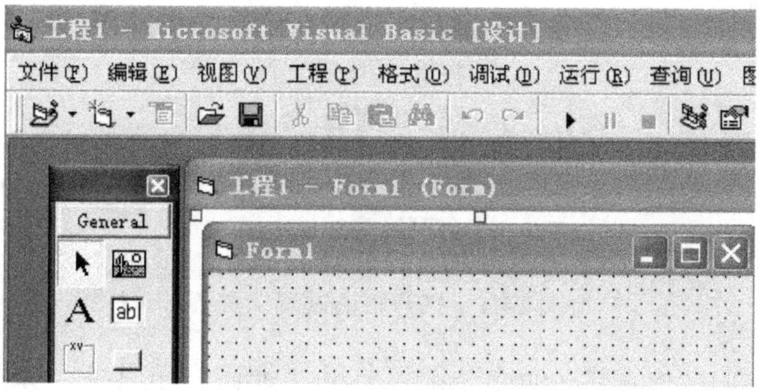

图 14-3 设计模式

建立一个应用程序的所有步骤基本上都在设计模式下完成，包括窗体设计、建立控件、编写程序代码，以及利用属性窗口设置属性值或查看当前属性值等。在设计阶段，不能执行程序，也不能使用调试工具，但可设置断点。

2. 运行模式

执行“运行”菜单中的“启动”命令（或按 F5 键、单击工具条上的“运行”按钮），即进入运行模式，此时标题条上原来显示“[设计]”的地方已被“[运行]”代替。

进入运行阶段后，Visual Basic 把全部控制权交给应用程序，可以对应用程序进行测试。在此阶段，可以查看程序代码，但无法修改。如果执行“运行”菜单中的“结束”命令（或单击工具条中的“结束”按钮），则可回到设计模式。如果执行“运行”菜单中的“中断”命令（或单击工具条上的“中断”按钮、按 Ctrl+Break 键），则可进入中断模式。

3. 中断模式

进入中断模式后，主窗口标题条中原来显示“[设计]”或“[运行]”的地方用“[Break]”代替。中断模式暂停程序的执行。在中断模式下，可以检查程序代码，并可进行修改，也可以检查数据是否正确，修改完程序后，可继续执行。

可以用以下 4 种方式进入中断模式。

（1）在运行模式下，执行“运行”菜单中的“中断”命令。

（2）在程序中设置断点（BreakPoint），程序执行到该断点时自动进入。

（3）运行程序时遇到 Stop 语句。

（4）在程序运行过程中，如果出现错误，将自动进入中断模式。

在调试工具条中，有 3 个按钮可以在 3 种模式之间转换，即“中断”按钮、“运行”按钮和“结束”按钮。根据当时的状态，这 3 个按钮中可能有的不能使用（呈灰色显示）。一般来说，在设计阶段，可以使用“运行”按钮，其他两个按钮不能使用；在运行阶段，“中断”和“结束”按钮可以使用，“运行”按钮不能使用；在中断模式下，“运行”和“结束”按钮可以使用。

从上面的介绍可以看出，可以从设计模式进入运行模式，可以从运行模式回到设计模式或进入中断模式，也可以从中断模式回到运行模式或设计模式。它们之间的关系如图 14-4 所示。

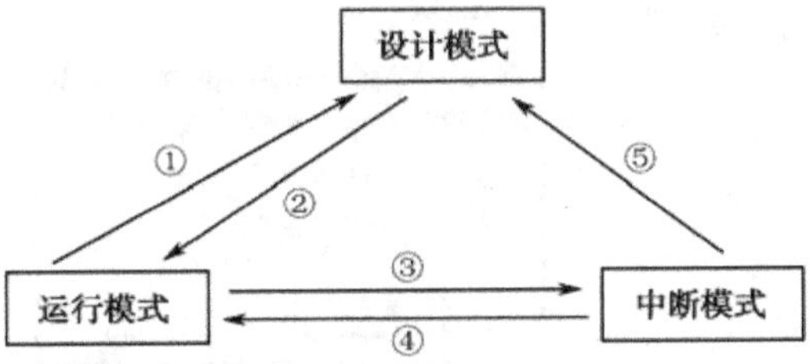

图 14-4　3 种模式的转换

图中编号的含义如下：

① 执行“运行”菜单中的“结束”命令（单击“结束”按钮）。

② 执行“运行”菜单中的“启动”命令（单击“运行”按钮，按 F5 键）。

③ 执行“运行”菜单中的“中断”命令（遇到断点或出错时）。

④ 执行“运行”菜单中的“继续”命令（按 F5 键）。

⑤ 执行“运行”菜单中的“结束”命令（单击“结束”按钮）。

注意：在中断模式下，“运行”菜单中的“启动”命令变为“继续”。

14.1.2　Visual Basic 的错误类型

Visual Basic 应用程序的错误一般可分为 4 类，即语法错误、编译错误、运行错误和逻辑错误。

1．语法错误（Syntax Error）

通常在语句结构，即语法不正确时出现这种错误。例如，丢失或写错了符号，关键字拼写不正确，有 For 没有 Next，有 If 没有 End If 或把 ElseIf 写成 Else If 及括号不匹配等。Visual Basic 具有自动语法查错功能，在设计阶段输入程序代码时就能检查出语法错误。例如，假定有如下的代码：

```
Private Sub Commandl_Click()
x=25
y=45
z=x+y
Print z
End Sub
在输入上述代码时，如果第三行输入为
z=x[ y
```

则按回车键后就会显示出错提示窗口，刚输入的一行变为红色，出错的部分高亮显示，如图 14-5 所示。

图 14-5　语法错误提示

在这里，出错提示的含义是无效字符，即输入的字符（高亮显示）不符合 Visual Basic 的语法规则。在这种情况下，必须单击出错提示窗口中的“确定”按钮（或按回车键），关闭该窗口，然后对出错的程序行进行修改。如果不想对其进行修改，则可将光标移到下一行（按回车键）继续输入程序代码，但出错行的代码依旧是红色的，直到改正为止。

如果对出错提示窗口中的内容不理解，则在显示出错提示窗口后按 F1 键，即可显示该出错信息的帮助窗口。

注意：只有在设置了自动语法检查后，才会在输入代码的过程中出现语法错误提示窗口。自动语法检查通过“工具”菜单中的“选项”命令（“编辑器”选项卡）设置。

2．编译错误（Compile Error）

编译错误是指将程序编译成可执行文件（.exe）时，或用“运行”菜单中的“启动”

命令（按 F5 键）运行程序时，由于未定义变量或漏掉了某些关键字等原因而引起的错误。

在这种情况下，将弹出一个窗口，显示出错信息，并使有错误的程序行高亮显示，如图 14-6 所示。出现这类错误后，Visual Basic 将停止编译，并回到有错误的程序代码窗口。

从图 14-6 中可以看出，产生错误的程序行为 xyz，Visual Basic 认为这是一个过程调用，但又找不到该过程，因而产生子程序未定义错误。这种错误不是语法错误，在输入代码时不会被语法检查发现。

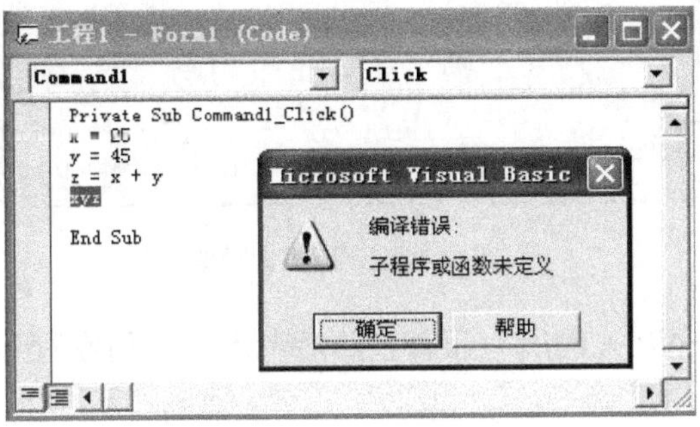

图 14-6　编译错误

在输入程序时，Visual Basic 对输入的每行代码进行解释，发现语法错误后显示相应的信息。因此，严格地说，语法错误实际上也属于编译错误。

3．运行错误（Run-Time Error）

语法正确，但运行时无法执行的错误称为运行错误或运行时错误。常见的运行错误是 0 作除数，运行时将显示一个信息框，如图 14-7 所示。

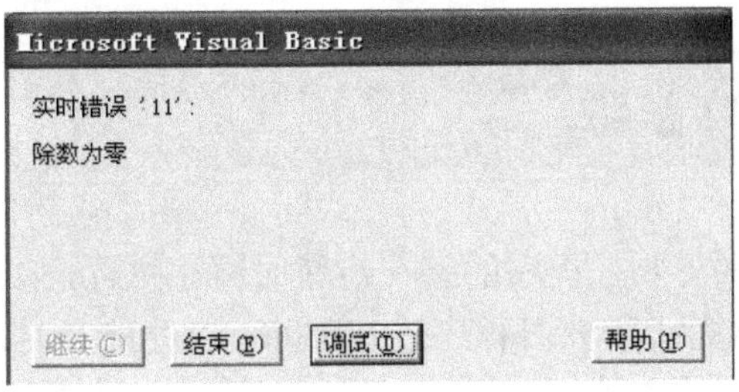

图 14-7　0 作除数时的出错信息

当窗体上没有控件而设置该控件的属性时，也会产生运行错误。例如，没有在窗体上画出文本框控件，而在代码中设置该控件的属性，将在运行时出错，如图 14-8 所示。

4．逻辑错误（Logical Error）

与语法错误和运行错误不同，逻辑错误一般不报告出错信息。也就是说，它既没有语法错误，也没有运行错误，从表面上看，一切正常，但得到错误的结果。这类错误最难发现，因而也最危险。减少或克服逻辑错误，只能靠耐心、经验及良好的编程习惯。以下几点可供参考。

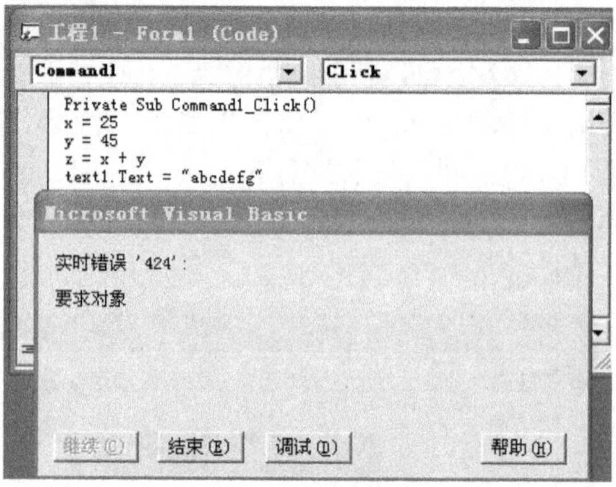

图 14-8 运行错误信息

（1）列出与应用程序有关的所有事件，然后考虑好如何在程序中响应这些事件，认真定义每个事件过程及通用过程。

（2）在关键地方加上必要的注释。

（3）注意变量名称的一致性。当变量名拼写错误时，Visual Basic 把它看成是另外一个变量。为了避免出现这类错误，可以通过环境设置选择，强制所有变量必须显式声明。其方法是执行“工具”菜单中的“选项”命令，在“编辑器”选项卡中选择“需要变量声明”复选框。这样设置后，所有变量必须先声明才能使用，从而可以避免变量的前后不一致。

（4）设定断点（见 14.2 节），缩小错误的查找范围。

（5）中断程序运行，检查变量的当前值。

Visual Basic

14.2 中断与程序跟踪

在调试过程中，常常需要在程序的某一点暂时停止执行，以便用调试工具找出错误。此外，为了查看程序的执行，需要对程序进行跟踪，以便能及时发现错误所在。这一节将介绍中断执行和程序跟踪的方法。

14.2.1 中断执行

前面已涉及进入中断模式的几种方法。在中断模式下，可以对程序进行修改，并可继续运行。在调试程序时，常用的中断方法有两种，即设置断点和使用 Stop 语句。

1. 断点（BreakPoint）

断点通常设置在需要程序暂停执行的地方。利用断点，可以对程序一部分一部分地进行测试，或者通过断点使运行的程序在关键的地方停住，测试一个变量的值，从而观察程序的实际执行情况。当在程序中遇到断点时，Visual Basic 将进入中断模式。

断点在设计阶段或中断模式下设置。可以通过以下 4 种方法设置断点。

（1）在程序代码窗口中，把光标移到希望中断的语句上，然后执行"调试"菜单中的"切换断点"命令，或直接按 F9 键，即可把光标所在的行设置为断点。被设置为断点的语句行中的字符变为粗体并反相显示。

（2）在代码窗口的左边有一个灰色区域，称为边界标识条（见图 14-10）。当鼠标光标位于该区域时，鼠标光标变为右指箭头。此时单击某个程序行，即可把该行设置为断点。

（3）在要设置断点的程序行上单击鼠标右键（注意：右键），弹出一个菜单，把鼠标光标移到"切换"命令上，显示下一级菜单，如图 14-9 所示，然后单击"断点"命令，即可把该行设置为断点。

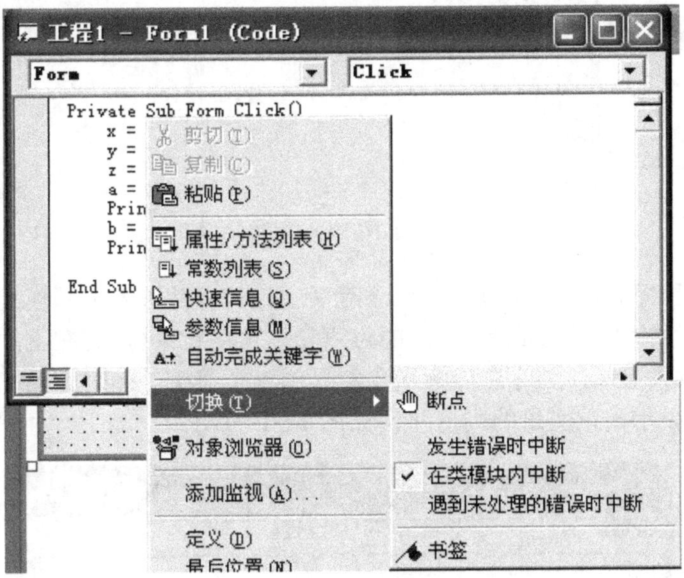

图 14-9　用弹出式菜单设置断点

（4）在程序代码窗口中，把光标移到希望中断的语句上，然后单击"调试"工具条上的"切换断点"按钮。

注意：上面 4 种方法实际上是用来切换断点，即无断点时设置断点，有断点时清除断点。此外，如果设置了多个断点，则可以通过执行"调试"菜单中的"清除所有断点"命令（或按组合键 Ctrl+Shift+F9）清除全部断点。

例如，假定有下面的程序：

```
Private Sub Form_Click()
  x=10
  y=20
  z=30
  a=x+y+z
  Print a
  b=x+y-1
```

```
    Print b
End
```

为了把 Print a 这一行设置为断点，可以先把光标移到该行，然后执行“调试”菜单中的“切换断点”命令，或按 F9 键，这一行即被设置为断点。“Print a”变为粗体字，并反相显示。如图 14-10 所示。也可以用另外 3 种方法设置断点。

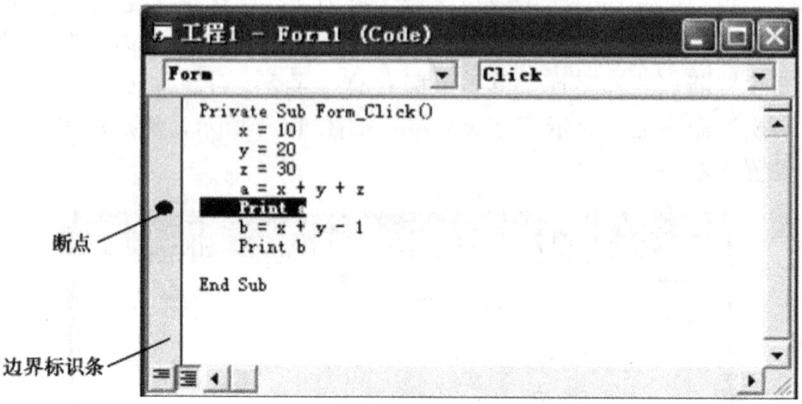

图 14-10　设置断点

运行上面的程序时，到“Print a”这一行后暂停执行并进入中断模式，此时可以对断点以前的语句进行检查。执行到断点后，断点语句以黄色背景显示。在上面的例子中，“Print a”语句以黄色背景显示，并在边界标识条中显示一个箭头，此时如果把鼠标光标移到某个变量上，即可显示出该变量的当前值，如图 14-11 所示。

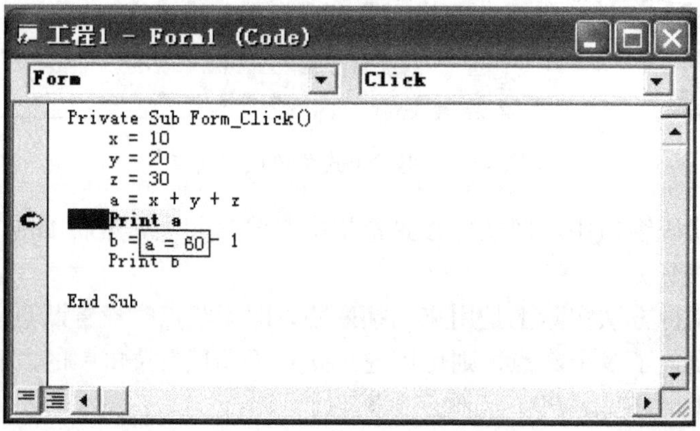

图 14-11　运行期间的断点

2. Stop 语句

可以把 Stop 语句加到程序中需要暂停执行的地方。当遇到 Stop 语句时，Visual Basic 将停止执行程序，并进入中断模式，以便对程序进行调试。例如：

```
Private Sub Form_Click()
x=10
y=20
z=30
a=x+y+z
Stop
Print a
b=x+y-1
Print b
End Sub
```

当执行到上面程序中的 Stop 语句时，程序暂停，进入中断模式。

有关中断方法的具体说明如下。

（1）从暂停程序执行并进入中断模式这一点来说，Stop 语句和断点的作用是一样的。使用 Stop 需要修改程序代码，因而不如使用断点方便。但是，断点不如 Stop 语句灵活。也就是说，在程序执行过程中，每遇到一个断点都会无条件地中断执行；而如果使用 Stop 语句，则可使程序在一定的条件下暂停。例如：

```
Static BrkCount As Integer
…
BrkCount=BrkCount+1
If BrkCount>10 And A<O Then
Stop
End If
```

在该程序段中含有 Stop 语句，但不会立即暂停执行，必须在执行 10 次以后，当变量 A 的值小于 0 时才中断。

（2）断点只在当前程序中存在，如果存盘后再重新装入，则断点将全部消失。而 Stop 语句会永远留在程序中，除非将其删除。因此，在程序调试结束后，应删除程序中不需要的 Stop 语句。

（3）程序在断点或 Stop 语句处中断后，可以按 F5 键或执行“运行”菜单中的“继续”命令继续执行。

（4）Stop 语句和 End 语句都能使程序停止执行，但它们是有区别的。End 语句用来结束程序，并返回设计模式。而 Stop 语句是暂停程序执行，进入中断模式，并可通过“运行”菜单中的“继续”命令（或按 F5 键）继续执行，不会回到设计模式。

（5）断点设置后呈反相显示，其底色可以通过“工具”菜单中的“选项”命令调整。执行该命令后，显示“选项”对话框，选择对话框中的“编辑器格式”选项卡（见图 14-12），在“代码颜色”列表中选择“断点文本”，然后单击“前景色”框右端的箭头，从下拉显示的颜色列表中选择一种所需要的颜色。用类似的操作，可以设置“背景色”和“标识色”，其中“标识色”是在边界标识条中显示的标记的颜色。设置后的效果在右侧的“示例”框中显示。

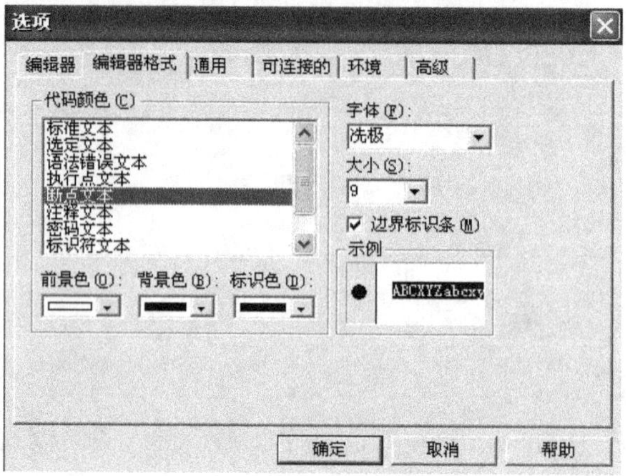

图 14-12　“选项”对话框（“编辑器格式”选项卡）

用“编辑器格式”选项卡可以设置标准文本、选定文本、语法错误文本等代码的前景色、背景色及标识色，其操作与前面介绍的类似。

（6）在“运行”菜单中，有以下几个命令。

- 启动 F5。
- 中断 Ctrl+Break。
- 结束。
- 重新启动 Shift+F5。

在不同的模式下，这几个命令是变化的。在设计阶段，只有第一个命令有效；在执行阶段，第一个命令无效，后 3 个命令均有效。在中断模式下，第二个命令无效，且第一个命令变为

- 继续 F5。

14.2.2　程序跟踪

利用断点，只能粗略地查出错误发生在程序的某一部分。而用程序跟踪可以查看程序的执行顺序，以找到发生错误的语句行。Visual Basic 中的跟踪方式包括单步执行、过程单步执行和跳跃执行。

1．单步执行（Single Stepping）

单步执行就是每次只执行一个语句，然后根据输出结果来判断执行的语句是否正确。可以用 3 种方式来实现单步执行。

（1）执行“调试”菜单中的“逐语句”命令。

（2）按功能键 F8。

（3）单击“调试”工具条上的“逐语句”按钮。

单步执行开始后，程序即进入运行模式。执行完一条语句后，切换到中断模式，并把下一条语句作为“待执行语句”。待执行语句反相显示（见图 14-13），每单步执行一

次，变换一个待执行语句，据此可以知道程序的当前执行位置，从而能查出错误出现在什么地方。

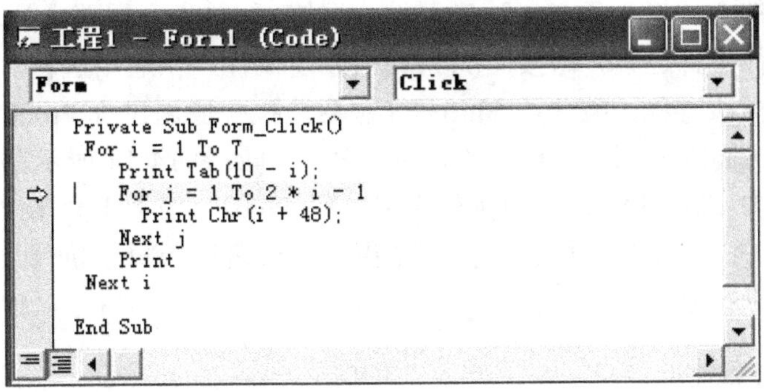

图 14-13　单步执行

如果执行的是 Form_Click 事件过程，则单步执行后，屏幕上显示窗体，此时必须单击窗体，才能开始执行。其他事件过程，如 Command1_Click 等，也与此类似。

复合语句行中有多个语句（各语句之间用冒号隔开），由于单步执行以语句为单位，一个语句一个语句地执行，每次只有一个语句（不是一行）反相显示。

单步执行时系统处于中断模式，如果发现程序有错误，可以立即进行修改。此外，也可以把鼠标光标移到某个变量上，查看该变量的当前值。

2．过程单步（Procedure Step）

过程单步又称过程执行，其执行方式与单步执行基本相同，只是把被调用的过程作为一条语句，一次执行完毕。如果确信某个过程不会有错误，则没有必要单步执行过程中的每个语句，在这种情况下，可以使用过程单步。

和单步执行一样，也可以通过 3 种方式实现过程单步。

（1）执行“调试”菜单中的“逐过程”命令。

（2）按 Shift+F8。

（3）单击“调试”工具条上的“逐过程”按钮。

假定有以下两个通用过程。

```
Sub proc1()
  Print"this is the frist procedure. "
End sub

Sub proc2()
  Print"this is the seocnd procedure. "
End sub
```

在 Form_Click 事件过程中调用上述过程。

```
Private Sub Form__Click()
    Proc1
```

```
    proc2
End Sub
```

用上面所说的方式（如按 Shift+F8 键）开始过程单步，屏幕上显示窗体，单击窗体后即开始执行窗体事件过程，每按一次 Shift+F8 键执行一个通用过程。此时 Proc1 反相显示，表示准备执行该过程。按一次 Shift+F8 键后，执行通用过程 Procl，显示“This is the first procedure.”，同时 Proc2 反相显示，准备执行，如图 14-14 所示。

如果再按一次 Shift+F8 键，则执行通用过程 Proc2，窗体上显示“This is the second procedure.”，同时 End Sub 被框住，执行结束。读者可以用单步执行（按 F8 键）进行试验，看一看有什么区别。

3. 运行到光标处

在设计阶段，可以把光标移到代码的某一行上，然后执行“调试”菜单中的“运行到光标处”命令（或按 Ctrl+F8 键），这样，程序将会在执行到光标所在行时停止执行，并在边界标识条中显示相应的标记，如图 14-15 所示。

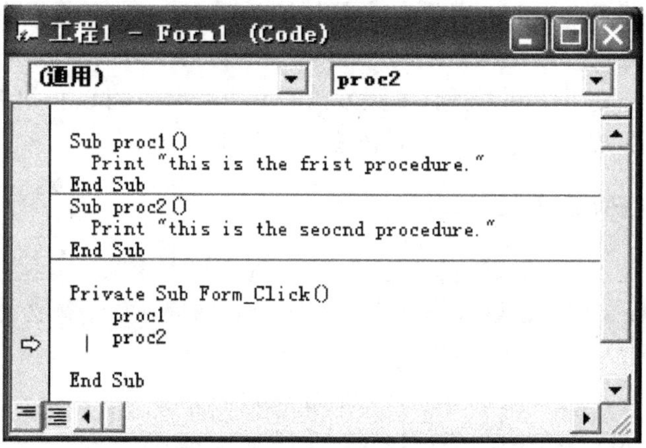

图 14-14　过程单步

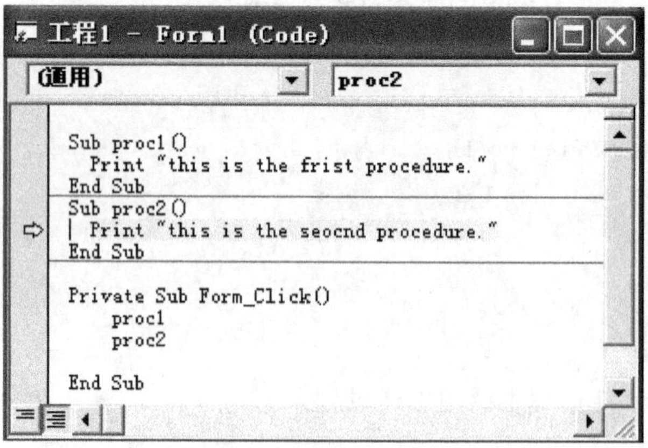

图 14-15　运行到光标处

用“运行到光标处”命令可以跳过大型循环。

注意：光标所在的行必须在程序的执行流程中。

4. 跳跃执行

单步执行只能按顺序一条语句一条语句地执行，过程单步只能按顺序一次执行一个过程。如果想暂时避开程序的某一部分，调试其他部分，或者在对程序进行修改之后再回过头来执行，则必须通过跳跃执行来实现。

跳跃执行在中断模式下设置方法如下。

（1）执行程序，进入中断模式，边界标识条中有一个箭头，指向下一个要执行的语句，如图 14-16 所示。

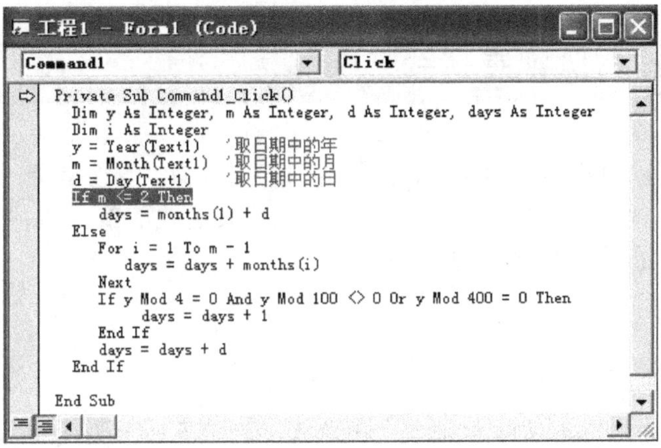

图 14-16　跳跃执行（1）

（2）选择下一个要执行的语句，例如，选择“If m <= 2 Then”。

（3）执行“调试”菜单中的“设置下一条语句”命令（或按 Ctrl+F9 键），即可把该行设置为开始执行行，边界标识条中的箭头移到这一行，如图 14-17 所示。

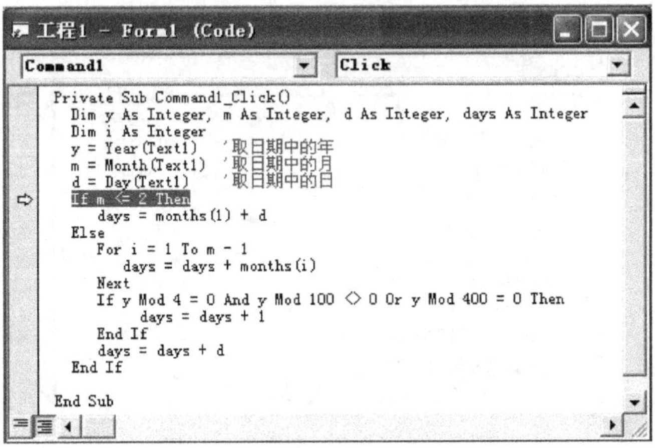

图 14-17　跳跃执行（2）

设置开始执行行后，再继续执行程序（用“运行”菜单中的“继续”命令或按 F5 键）时将从该行开始执行，在原来执行点和新执行点之间的语句将被忽略。

也可以通过拖动边界标识条中的箭头来设置下一个开始选择的语句。其方法是把鼠标光标移到边界标识条中的箭头上，按住鼠标左键，拖到下一个要执行的语句行上，然后松开鼠标按钮。

注意：“设置下一条语句”命令只能在当前过程中使用。也就是说，要设置的下一个语句必须在当前过程中，否则会显示一个信息框，并拒绝设置。

在“调试”菜单中，还有一个“显示下一条语句”命令，用该命令可以把光标移到下一个将执行的语句行。和“设置下一条语句”命令一样，“显示下一条语句”命令也只能在中断模式下使用。

Visual Basic

14.3 监视点与监视表达式

利用监视点可以中断程序的执行，其作用与断点类似，但它是有一定条件的。利用监视表达式，可以在程序执行的过程中显示其变量或表达式的值。监视点和监视表达式是 Visual Basic 中使用的重要的调试技术。

14.3.1 监视点

监视点（Watch Point）实际上是一个表达式，当该表达式为 True（非 0）时，程序停止执行。

监视点通过监视窗口来设置。执行“调试”菜单中的“添加监视”命令后，屏幕上显示一个对话框，如图 14-18 所示。该对话框分为 3 部分，即“表达式”文本框、“上下文”部分和“监视类型”部分。文本框用来输入表达式，在“上下文”部分指定要监视的过程和模块，“监视类型”部分用来设置监视类型，包括 3 个单选按钮，可根据需要选择。

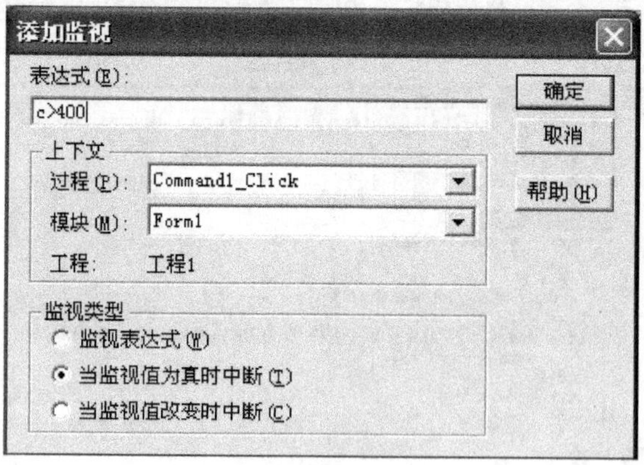

图 14-18 “添加监视”对话框

为了设置监视点，可以在“表达式”文本框中输入需要监视的表达式，然后选择“监视类型”部分中的“当监视值为真时中断”单选按钮，单击“确定”按钮，Visual Basic 将把表达式加入到监视窗口中（见图 14-19）。这样设置后，当表达式的值为真（非 0）时，程序将中断执行。有时候，可能希望在表达式的值发生变化时中断程序执行，则应选择“当监视值改变时中断”单选按钮。

对于以上两种情况，当重新执行程序时，Visual Basic 在执行每一个语句后都要计算表达式的值，并在指定的条件满足时中断程序执行。例如，假定有如下一段程序。

```
Private Sub Form_Click()
 a =13
 b =24
 For i=1 To 10000
  c =a +b *i
  Print c
 Next i
End Sub
```

执行“调试”菜单中的“添加监视”命令，打开“添加监视”对话框，在“表达式”文本框中输入 c >400，在“监视类型”部分选择“当监视值为真时中断”（见图 14-18)，然后运行程序，则当变量 c 的值超过 400 时，程序将中断执行，如图 14-19 所示。可以看出，在监视窗口中，此时表达式“c >400”的值已变为 True。

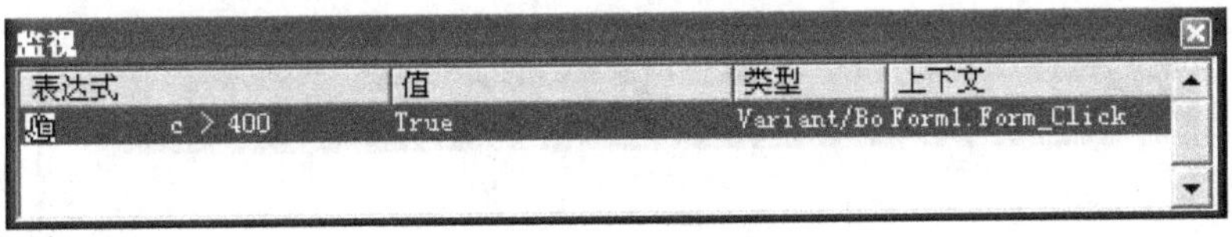

图 14-19　当监视值为真时中断

监视点是十分有效的调试工具，但由于不断地检查表达式的值，因而会使程序的执行速度变慢。在实际调试程序时，可以把监视点和断点结合起来使用。在有可能发生错误的地方设置断点，程序以正常速度运行到断点后中断，然后设置一个或多个监视点，再以较慢的速度执行程序。

当发现某个变量变为一个意外的值而又不知道它在程序流的什么位置产生时，如果想查出这个位置，则监视点是十分有用的。例如，设有如下一段程序。

```
For I%=1 to 20
  Gosub UpdateWindow
Next I%
```

在上面的程序段中，如果从标号 UpdateWindow 开始的子程序使用了变量 i%，则 i% 的变化将会影响程序的执行。在这种情况下，如果循环不正常地结束了，则可设置一个监视点 i%>1，然后按 F5 键继续执行，一旦表达式 i%>1 转为真值，程序就中断执行，从而可以确切地知道无意中被修改的程序行。

14.3.2　监视表达式

用监视点可以使程序在指定的条件下暂停，而用监视表达式可以查看或跟踪正在执行的过程中的变量或表达式的值。

1. 设置监视表达式

监视表达式也通过“添加监视”窗口设置，可按如下步骤操作。

（1）执行“调试”菜单中的“添加监视”命令，打开“添加监视”对话框（见图 14-20）。

（2）在“表达式”文本框中输入一个变量名或表达式。

（3）在“监视类型”部分选择“监视表达式”。

（4）单击“确定”按钮。

2. 使用监视表达式

用监视表达式可以跟踪变量或表达式的变化，仍用上面的例子来看一看监视表达式的操作。

用前面介绍的方法把 c 设置为监视表达式，该表达式即出现在监视窗口中。然后按 F8 键，程序开始运行，单击窗体后，连续按 F8 键，用“逐语句”方式执行程序，此时窗体上将显示程序的执行情况，同时在监视窗口中实时显示变量 c 的值，如图 14-20 所示。

图 14-20　显示监视表达式的值

变量是监视表达式的最简单的形式，监视表达式可以是任何表达式，包括算术表达式、关系表达式、逻辑表达式等。

选择作为监视表达式的变量或表达式与选择文本的方法相同。双击一个变量可把该变量选为监视表达式（变量名反相显示）。如果表达式含有多个字符，则可先把鼠标光标移到第一个字符处，然后按下鼠标左键，不要松开，并向右拖动鼠标，到表达式的最后一个字符松开鼠标键，则该表达式即被选中，此时表达式反相显示。如果执行“调试”菜单中的“添加监视”命令，即可出现“添加监视”对话框，并在“表达式”文本框中出现被选择的表达式。

3. 快速监视

也可以通过“快速监视”命令设置监视表达式，操作如下。

（1）在代码窗口中选择一个需要监视的表达式。

（2）执行“调试”菜单中的“快速监视”命令或单击“调试”工具条上的“快速监视”按钮，打开“快速监视”对话框，如图 14-21 所示。

图 14-21　“快速监视”对话框

（3）单击“添加”按钮，即可把监视表达式添加到监视窗口。

Visual Basic

14.4　立即窗口

前面已经看到，监视表达式的值可以在监视窗口中输出。监视窗口（或称监视对话框）只能被动地显示变量或表达式的值，而利用立即窗口，不但可以检查变量或属性的值，而且还可以重新设定变量或属性的值，用来测试过程。

程序进入中断模式后，将自动激活立即窗口，如图 14-22 所示。如果在中断应用程序时正在运行某一过程，则该过程的代码窗口与立即窗口一起显示。在立即窗口中，可以输入并执行 Visual Basic 语句，每个语句一行，按回车键执行，不影响代码窗口中的代码。

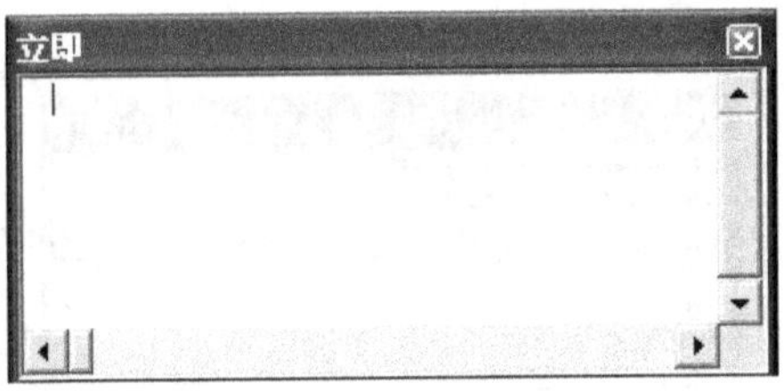

图 14-22　立即窗口

除中断模式下自动激活立即窗口外，还可以通过其他方法打开立即窗口。例如：

- 单击“调试”工具条上的“立即窗口”按钮；
- 执行“视图”菜单中的“立即窗口”命令；
- 按 Ctrl+G 键。

14.4.1　在立即窗口中输出信息

可以通过以下两种方式在立即窗口中输出信息：

- 用 Debug．Print 语句；
- 直接在立即窗口中执行 Print 方法。

在一般情况下，用 Print 方法可以把信息输出到窗体、打印机的控件上，一般格式为

```
[对象．]Print[项目][;]
```

这里的“对象”可以是打印机和控件，如果省略“对象”，则为当前窗体。在 Visual Basic 中，Debug 也是一个对象。如果用它作为 Print 方法的“对象”，即

```
Debug．Print[项目][;]
```

则可把“项目”输出到立即窗口中。例如：

```
Debug. Print"Output to Debug Window"
```

将使字符串“Output to Debug Window”在立即窗口中输出。

当程序执行到“Debug. Print…”语句时，Visual Basic 将自动激活立即窗口，并在该窗口内显示信息。

例 14.1

```
Private Sub Form_Click()
  StringTest$="Microsoft Visual Basic"
  Debug. Print LTrim$(StringTest$)
  Debug. Print RTrim$(StringTest$)
  Debug. Print Len(StringTest$)
  Debug. Print UCase$(StringTest$)+String$(5, "*")
  Debug.Print Right$(StringTest$,10)
  Debug.Print Left$(StringTest$,10)
  Debug.Print Mid$(StringTest$,10,12)
End Sub
```

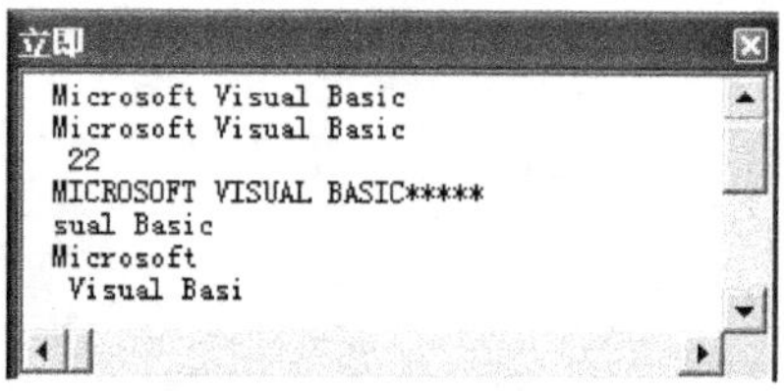

图 14-23 立即窗口输出

上述过程用来测试字符串函数的执行情况。由于在 Print 方法前面加上了 Debug 对象，因而所有的结果都在立即窗口中输出，如图 14-23 所示。

利用立即窗口，不必中断程序，就能在程序执行过程中监视数据的变化情况。此外，由于输出被送到立即窗口，因而对原来的其他窗口及正常输出不会产生干扰。

利用立即窗口，可以即时监视程序的执行情况，这在测试循环过程中变量的变化时是很有用的。例如：

例 14.2

```
Private Sub Form_Click()
    Static a As Integer
    Do While a<10
    T=InputBox("Enter a number: ")
    Test=T^3
    Debug.Print a; "……";Test
    A=a+1
    Loop
End Sub
```

上述程序运行后，显示一对话框，输入一个数值后，在立即窗口中显示计数器 a 及输入值的立方，输入 10 个数后结束。利用立即窗口，可以清楚地看到循环的执行过程。执行结果如图 14-24 所示。

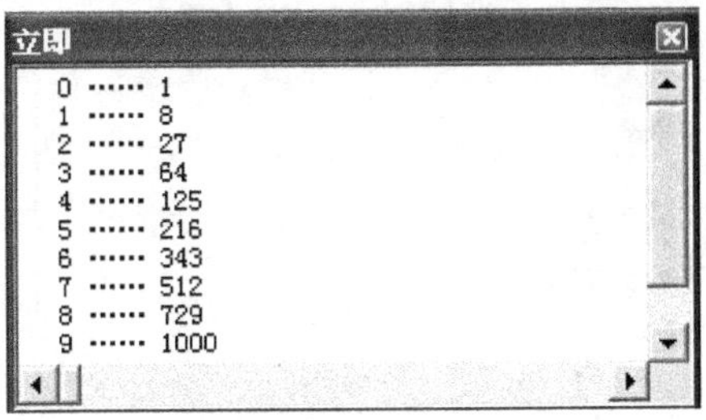

图 14-24　用立即窗口检查循环执行

14.4.2　修改变量或属性值

利用立即窗口，不但可以输出变量或属性的值，而且可以重新设定变量或属性的值。

1．输出变量或属性的值

进入中断模式后，将自动激活立即窗口。在立即窗口中可以直接输出变量或属性的值，以监视程序的执行情况。例如，设有如下程序。

```
Private Sub Form_Click()
 x=100
 y=200
 z=300
 Sum=x+y+z
 Multi=x* y* z
 Print Sum，Multi
End Sub
```

按 F8 键单步执行上述过程。当执行到最后一条语句（“Print sum，Multi”）时，打开立即窗口，并在立即窗口中用 Print 方法输出各变量的值。例如：

```
Print x   <CR>
100
Print y   <CR>
200
Print z<CR>
300
Print sum   <CR>
600
Print multi   <CR>
6000000
```

执行情况如图 14-25 所示。

在立即窗口中，可以显示当前过程中局部变量的值，也可以显示当前活动窗体层变量的值，但不能显示其他窗体或模块变量的值。

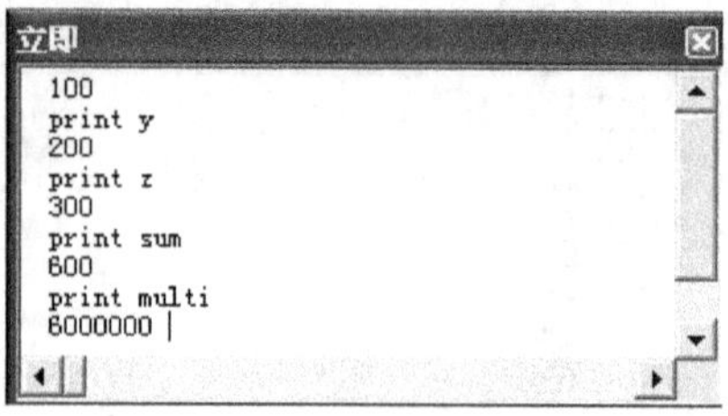

图 14-25　在立即窗口中输出变量的值

在立即窗口中也可以输出对象属性的值。例如，在窗体上建立一个文本框和一个标签，其属性设置如下。

控件	标题	名称	文　本
文本框	无	Text1	"Microsoft Visual Basic 6．0"
标签	Lable1	Lable2	无

建立上述控件后，按 F5 键运行程序。然后进入中断模式，即可在立即窗口中输出当前窗体及控件的属性值。例如：

```
print textl．text    <CR>
Microsoft Visual Basic 5．O
? labell．backcolor   <CR>
-2147483633
print textl．fontname    <CR>
宋体
print labell．fontsize  <CR>
9
```

执行情况如图 14-26 所示。

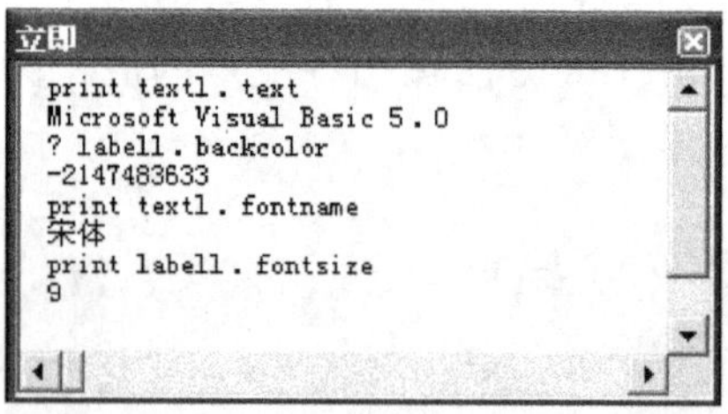

图 14-26　在立即窗口输出属性值

2．重新设置变量或属性的值

利用立即窗口，可以直接对变量或属性赋值，从而可以通过改变变量或属性值来监视程序的执行情况。

例 14.3　编写程序，计算本金为 10000 元，年息为 0.125 的存款利息（本利合计）。

```
Private Sub Form_Click()
 p=10000
```

```
    r=0．125
    t=10
    For j=1 To t
    i=p*r
    p=p+1
    Next j
    Print p
  End Sub
```

上述程序用来计算 10 年存款的本利金额。程序运行后，单击窗体，输出结果为

```
32473.2102546841
```

把断点设在“For j=1 To t”，然后按 F5 键执行程序，执行到断点时进入中断模式，此时如果在立即窗口中输入：

```
t=6<CR>
```

并执行“运行”菜单中的“继续”命令（或按 F5 键），则程序将根据 t 的新值（6）进行计算，即计算 6 年而不是 10 年的本利和。输出结果为 20272.8652954102，如图 14-27 所示。

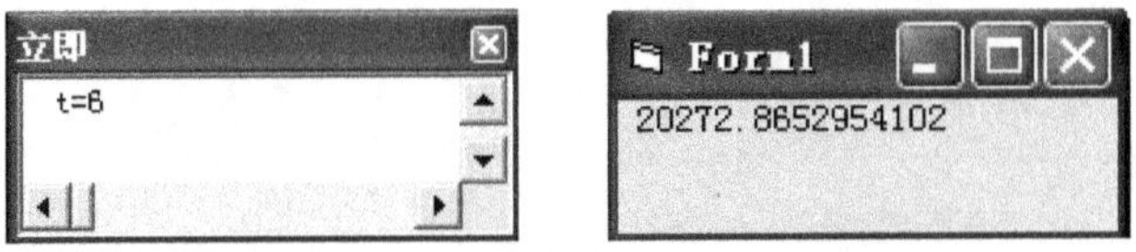

图 14-27　在立即窗口修改变量的值

在立即窗口中可以设置对象的属性。例如，首先在窗体上建立一个文本框和一个标签，文本框的 Text 属性为 Text1，标签的 Caption 属性为 Label1，如图 14-28 所示。

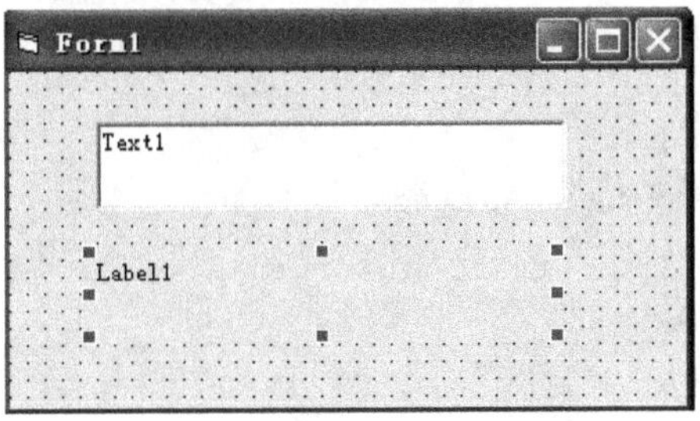

图 14-28　在立即窗口修改属性值（1）

进入中断模式后，在立即窗口中输入：

```
Text1．Text="Visual Basic 6.0"   <CR>
Text1．Fontsize=24      <CR>
Forml．Caption="在 Debug 窗口中修改属性值"   <CR>
Label1．Caption="Microsoft"   <CR>
Label1．Fontsize=18   <CR>
```

执行情况如图 14-29 所示。

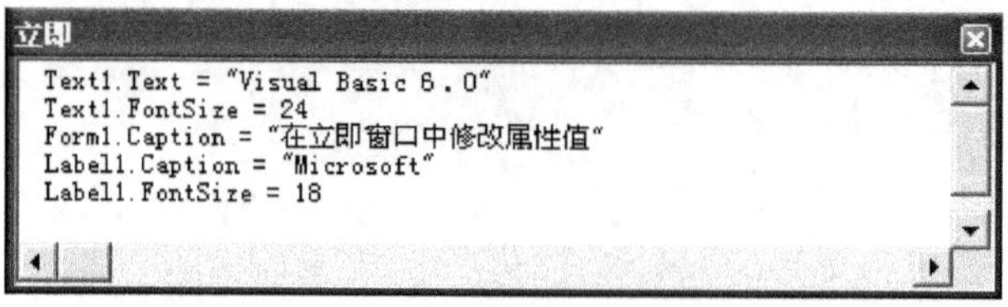

图 14-29　在立即窗口修改属性值（2）

执行上述操作后，将窗体缩小，窗体标题、文本框、标签的内容改变，如图 14-30 所示。

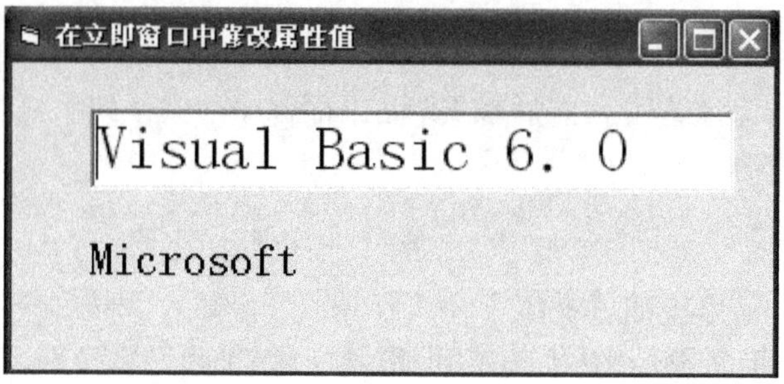

图 14-30　在立即窗口修改属性值（3）

14.4.3　测试过程

在一般情况下，设计好一个通用过程后，无法直接测试它的正确性，必须在事件过程中调用，才能知道它是否能正确运行。当通用过程较多时，只能等到全部设计完后才能测试。如果在调用时发现问题，再回过头来修改，那么有时可能需要反复多次，效率太低。利用立即窗口，可以在编写好一个通用过程后立即进行测试，如果有问题，可直接修改。能正确运行后，再连到主程序上应用，从而可以大大提高效率。

假定有如下的函数过程。

```
Function factorial(n As Integer) As Long
If n>0 Then
factorial=n*factorial(n-1)
ElseIf n=0 Then
factorial=1
Else
Factorial=-1
End If
End Function
```

这是一个递归求阶乘的函数过程。当实参为大于 0 的整数时，函数返回该数的阶乘，当实参为 0 时返回 1，当为负数时返回-1。

在中断模式下，在立即窗口中输入适当的语句调用该函数，根据结果判断函数的执行是否正确无误。例如，在立即窗口中输入：

```
print factorial(5)
     120
print factorial(3)
     6
print factorial(12)
     479001600
print factorial(0)
     1
print factorial( -4)
     -1
```

执行结果如图 14-31 所示。

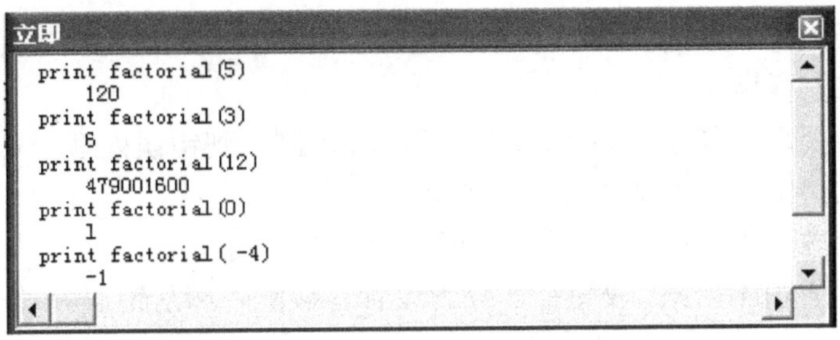

图 14-31　用“立即”窗口测试过程

在立即窗口中执行命令时，可以进行简单的编辑操作。

（1）在按回车键之前，可以对语句进行局部修改；

（2）可以用鼠标或方向键把光标移到立即窗口的任何位置，并可对某个语句进行修改；

（3）可以用 PgUp 键或 PgDn 键进行换页操作，用 Ctrl+Break 键可以把光标移到立即窗口的最后一行；

（4）按 Home 键或 End 键可以把光标移到行首或行尾；

（5）只要把光标移到某一行上（任意位置），按回车键就能执行该语句；

（6）当光标位于一个 Print 语句上时，按回车键将打印出一个值，并将原来在第二行上的内容移到第三行，如果不想移动第二行，可以在要执行的 Print 的最后加上一个分号（;）。

Visual Basic

14.5　错误处理

Visual Basic 中的语法错误可以在编译时查出。利用前面介绍的调试工具，可以查出运行错误或逻辑错误。此外，可以在应用程序中采取一些措施，以防止出现运行错误。尽管如此，有些错误仍然是无法预料和防止的。

当出现运行错误时，Visual Basic 会给出适当的出错信息，但这些信息很简短，通常只适合给专业人员看，而且所指出的错误不一定准确。为了提高软件的可靠性，Visual Basic提供了一种对错误进行“变通”处理的办法，可以在出现错误时显示适当的信息，或者让程序本身修正错误。

14.5.1 错误处理子程序

错误处理子程序（Error-Handling Routine）是专门用来对错误进行处理的子程序。

当程序正常运行时，错误处理子程序是不起作用的。只有当程序不能正常运行时，才转到错误处理子程序执行。错误处理，就是在程序中对可能出现的错误作出响应。当发生错误时，程序应能捕捉到这一错误，并知道如何处理。在程序中捕捉和处理错误的步骤如下。

- 设置错误陷阱（Trap），即在程序的适当位置增加一些语句，告诉计算机在发生错误时应该怎样操作。
- 编写错误处理子程序，当出现错误时，将控制转到错误处理子程序，子程序将根据所发生的错误的类型决定采取什么措施。
- 从错误处理子程序返回，在程序的适当位置恢复执行。

错误处理子程序的用法比较简单，分为设置错误陷阱和从错误处理子程序返回两步。

1．设置错误陷阱

格式：On Error Go To 行号/行标号。

该语句用来设置错误陷阱，并指定错误处理子程序的入口。“行号”或“行标号”是错误处理子程序的入口，位于错误处理子程序的第一行，例如：

```
On Error GoTo 1000
```

发生错误时，跳到从行号 1000 开始的错误处理子程序，例如：

```
On Error GoTo ErrorRoutine
```

发生错误时，跳到从行标号 ErrorRoutine 开始的错误处理子程序。

具体说明如下。

（1）启动错误陷阱后，无论检测到什么错误，都要转到指定的错误处理子程序。如果不设置错误陷阱，则 Visual Basic 按正常方式处理所遇到的错误，即停止程序的执行并打印出相应的出错信息。当无法用错误处理子程序来处理所遇到的错误时，应以正常的方式向用户报告。在这种情况下，应禁止错误陷阱，这可以通过

```
On Error GoTo 0
```

语句来实现。执行该语句时，将停止程序的执行并打印出引起陷阱的出错信息。它提供了一种简便的方法，使得当遇到错误处理子程序不能处理的错误时，停止程序的运行。

（2）错误处理子程序是由行号或行标号标识的代码块，不是 Sub 或 Function 过程。

（3）在错误处理子程序内不能出现错误陷阱。也就是说，错误陷阱不能嵌套。如果在执行错误处理子程序期间发生错误，则打印出错信息并停止程序执行。

2．从错误处理子程序返回

执行错误处理子程序后，为了继续进行操作，通常要从错误处理子程序返回控制，这可以通过 Resume 语句来实现。

格式：

Resume

Resume Next

Resume 行号/行标号

Resume 语句放在错误处理子程序中，执行错误处理子程序之后，在指定的位置恢复程序的执行。

Resume 语句有 4 种格式，分别用来指定程序恢复执行的位置，具体内容如下。

- Resume：从发生错误的语句处继续执行。
- Resume Next：从发生错误的语句的下一个语句处继续执行。
- Resume 行号：从“行号”处继续执行。
- Resume 行标号：从“行标号”处继续执行。

Resume 语句放在错误处理子程序中，同时必须有相应的设置错误陷阱语句，否则会产生“无错误恢复”错误。

在错误处理子程序中通常应含有 Resume 语句，如果在发生错误后执行错误处理子程序，一直到错误处理子程序结束也没有发现 Resume 语句，则显示“无 Resume”。

在实际编程中，错误处理子程序放在不会被应用程序正常执行到的地方，一般在 Exit Sub（或 Exit Function）和 End Sub（或 End Function）之间，即

```
Sub 过程名
  正常执行的程序
  Exit Sub
Handler:
   错误处理子程序
End Sub
```

```
Function 过程名
   正常执行的程序
   Exit Function
Handler:
   错误处理子程序
End Function
```

错误陷阱和 Resume 语句的应用一般有以下几种情况。

（1）执行完错误处理子程序后，结束程序（即退出过程）。例如：

```
Private Sub Form_Click()
 On Error GoTo HandleError
  …
 x=y/(a+b)      '此句可能出错
 exit Sub
   …
HandleError:
   …
```

```
  Resume Next
End Sub
```

上述过程中，在执行完错误处理子程序后用 Resume Next 返回到产生错误的语句的下一个语句继续执行，而下一个语句是 End Sub，退出程序。

（2）直接跳过错误语句（具体方法在后面介绍）。

（3）停止执行错误处理子程序。例如：

```
Sub Form_Click()
  On Error GoTo HandleError
  x=/(a+b)
  On Error GoTo ()
   …
  HandleError:
  …
End Sub
```

当无法用错误处理子程序对出现的错误进行处理时，用 On Error GoTo 0 禁止错误陷阱，不再执行错误处理子程序。

例 14.4 从键盘上输入两个整数，计算并输出它们相除所得的商和余数。

相应的程序如下：

```
Private Sub Form_Click()
  dividend=InputBox("Enter dividend：")
  divisor=InputBox("Enter divisor：")
  Quotient! =dividend/divisor
  Remainder=dividend Mod divisor
  Print"The quotient is：";Quotient!
  Print"The Remainder is：";Remainder
End Sub
```

上述程序运行后，利用输入对话框输入两个数，程序计算并输出两个数相除所得的商及余数。在该程序中，没有设置错误陷阱，将按正常方式处理所遇到的错误。当输入的除数 divisor 为 0 时，程序停止运行，并显示“除数为 0”信息，如图 14-7 所示。

利用错误陷阱，可以使上述程序在出现错误时不停止运行，并要求重新输入数据。修改后程序如下：

```
Private Sub Form_Click()
    New_Line=Chr$(13)+Chr$(10)
    0n Error GoTo handler
Begin：
    dividend=InputBox("Enter dividend：")
    divisor=InputBox("Enter divisor：")
    Quotient! =dividend/divisor
    Remainder=dividend Mod divisor
    Print"The quotient is：";Quotient!
```

```
        Print"The Remainder is：";Remainder
        Exit Sub
    handler:
        msg$="注意：除数不能为 0! "
        msg$=msg$+Chr(10)+Chr(13)+ "请重新输入"
        MsgBox msg$,16
        Resume Begin
    End Sub
```

该程序用“On Error GoTo Handler”来设置错误陷阱，当发生错误时，转移到 Handler 开始的错误处理子程序。在子程序中，用 MsgBox 语句输出较为明确易懂的出错信息，如图 14-32 所示，要求重新输入。单击“确定”按钮后，“Resume Begin”语句使得在错误处理子程序之后从“Begin：”处继续执行。

图 14-32　执行错误处理子程序

这个例子比较简单，如果不使用错误处理子程序，也可以达到目的。这里只是为了说明错误陷阱和错误处理子程序的用法。

3．跳过错误继续执行

有时候，可能希望在发生错误时不要中断程序，而是跳过错误继续执行。这可以通过 On Error Resume Next 语句来实现。例如：

```
Private Sub Form_Click()
  On Error Resume Next
  …
  x=y/(a+b)
  Exit Sub
  …
End Sub
```

该过程用“On Error Resume Next”避开发生错误的语句。当发生错误时，不对错误进行任何处理（即没有错误处理子程序），直接跳到产生错误的语句的下一个语句。

14.5.2　错误的模拟

如前所述，Visual Basic 中的错误有 4 类，即语法错误、编译错误、运行错误和逻辑错误。用 Error 语句可以模拟程序运行错误。

1．Error$函数

格式：字符串=Error$[(错误代码)]。

Error$函数返回与“错误代码”相对应的出错信息。在 Visual Basic 中，每个出错信息都有与之对应的错误代码，其取值在 0～65535。如果省略“错误代码”，则返回最后执行错误语句的出错信息；如果程序中没有错误，则返回空字符串。如果所给的“错误代码”不是 Visual Basic 预定义的错误代码，则返回的信息是“应用程序定义或对象定义错误”。例如：

```
Print Error$(52)
```

将输出“错误的文件名或号码”。而

```
Print Error$(56)
```

将返回“应用程序定义或对象定义错误”，因为 56 不是 Visual Basic 预定义的错误代码。

2. Error 语句

格式：Error 错误代码。

Error 语句用来模拟发生一个 Visual Basic 错误。“错误代码”的取值范围为 1～32767。如果所给出的“错误代码”属于 Visual Basic 预定义的错误代码，则模拟所发生的错误，同时输出预定义的出错信息。

具体说明如下所示。

（1）Error 语句用来模拟错误的发生，因此，应设置错误陷阱并定义错误处理子程序，否则也会发生错误而停止程序运行。

（2）如果给出的“错误代码”不是 Visual Basic 预定义的，则可定义用户自己的错误代码。定义之后，就可以在程序中使用。例如：

```
    …
On Error GoTo PP
    Age=InputBox("How old are you?")
    If Age>200 Then Error 210
    …
 PP:
    …
```

上面的程序段定义了一个错误代码 210。用这种方法定义的错误代码必须放在错误处理子程序中处理，即在错误处理子程序中定义与该代码相对应的出错信息。请看下面的例子。

例 14.5 用 Error 语句模拟错误，防止输入的年龄小于 0 或大于 150。

```
Private Sub Form_Click()
  On Error GoTo Handler
  msg$="Ok"
  Age=InputBox("Enter your age(0～150)：")
  If Age<=0 Then
    Errcode=97
    Error Erreode
  ElseIf Age>150 Then
```

```
            Errcode=98
            Error Errcode
         EndIf
         MsgBox msg$
         Exit Sub
Handler:
   If Errcode=97 Then
      msg$="Age is too small"
   ElseIf Errcode=98 Then
      msg$="Age is too old"
   End If
   Resume Next
End Sub
```

上述过程对输入的年龄值进行测试，如果小于或等于 0，则把变量 Errcode 的值置为 97，接着用“Error Errcode”语句模拟这个错误，使程序认为真的发生了这个错误，其错误代码为 97，使错误陷阱起作用，执行从“Handler:”开始的错误处理子程序。在错误处理子程序中，定义了与错误代码 97 相应的出错信息。当测试到 Age>150 时，程序进行类似的处理。

运行上述程序，在对话框中输入-3，结果如图 14-33 所示。

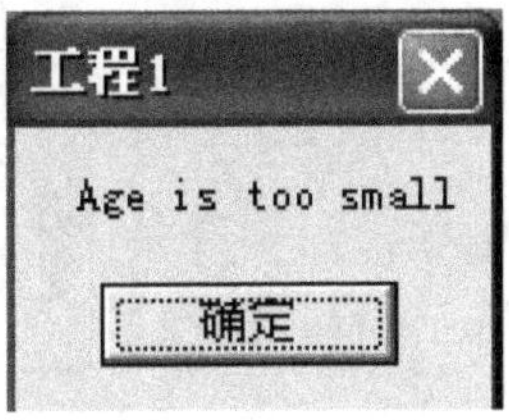

图 14-33　模拟错误

在上面的程序中，定义了用户自己的错误代码 97、98 及其相应的出错信息。当定义自己的错误代码时，必须保证不与 Visual Basic 预定义的错误代码发生冲突。怎样才能知道哪个代码是预定义的呢？这可以通过 Error$函数来测试。如果由该函数返回的信息为“应用程序定义或对象定义错误”，则该代码不是预定义的，否则是预定义的。例如，执行

```
Print Error$(5)
```

结果为“无效的过程调用或参数”，表明 5 是预定义的错误代码，其相应的信息为“无效的过程调用或参数”。而

```
Print 30;Error$(30)
```

输出“30 应用程序定义或对象定义错误”，表明 30 不是预定义的错误代码。

例 14.6　编写程序，输出 100 以内预定义的错误代码及其相应的信息。

```
Private Sub Form_Click()
   Static j As Integer
   For i=1 To 100
    If Error$(i)<> "应用程序定义或对象定义错误"Then
       j=j+1
       If Len(Error$(i))<5 Then
          Print i;Error$(i),
       Else
```

```
            Print i;Error$(i),
          End If
          If j Mod 2=0 Then Print
        End If
      Next i
    End Sub
```

上述程序对 100 以内的代码进行测试，用每个代码作为实参调用函数 Error$，看它的返回值是否为“应用程序定义或对象定义错误”。如果是，则表明该代码不是预定义的错误代码，否则为预定义的错误代码，程序输出该代码及其相应的出错信息。程序的执行结果如图 14-34 所示。

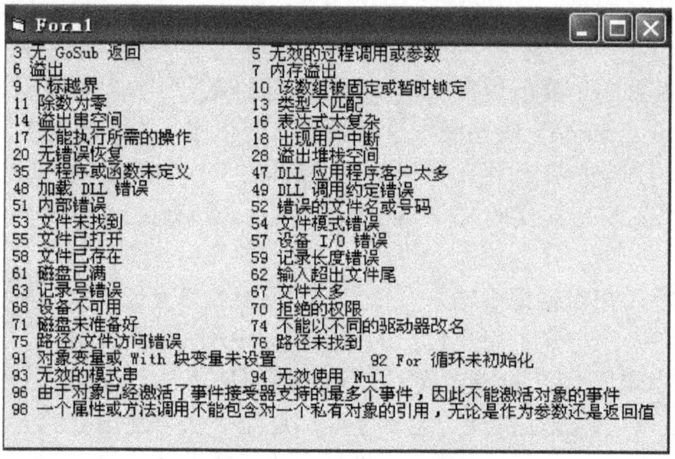

图 14-34　预定义错误代码（100 以内）

如前所述，Visual Basic 中错误代码的取值范围为 1～65535，其中预定义错误代码只占很少一部分。可对上述程序稍加修改，看一看预定义错误代码究竟有多少。

第15章 上机实验内容

Visual Basic

15.1 实验1 Visual Basic 概述

1. 实验目的

（1）掌握 Visual Basic 6.0 的启动与退出。

（2）了解 Visual Basic 6.0 的集成开发环境，熟悉各主要窗口的作用。

（3）掌握在 Visual Basic 6.0 中使用帮助的方法。

2. 实验内容

（1）Visual Basic 的启动与退出。

通过“开始”级联菜单启动 Visual Basic 6.0，操作步骤为如下：

① 单击 Windows 桌面工具栏的“开始”按钮，弹出“开始”菜单，将鼠标指针指向“程序”选项，在“程序”项的级联菜单中选中“Microsoft Visual Basic 6.0 中文版”，然后在其打开的下级级联菜单中将光标定位在“Microsoft Visual Basic 6.0 中文版”命令上，如图 15-1 所示。

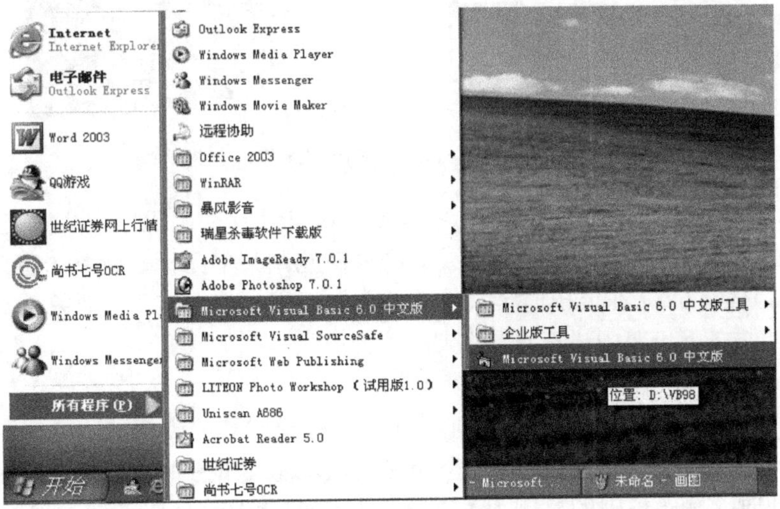

图 15-1 级联菜单

② 单击鼠标左键，屏幕出现如图 15-2 所示的 Visual Basic 6.0 启动界面。

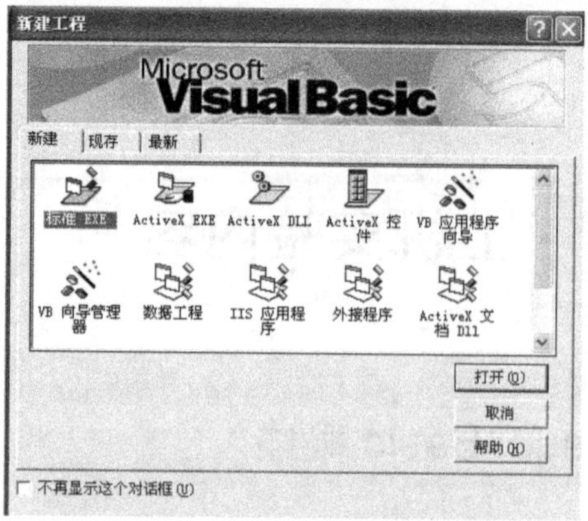

图 15-2　启动 Visual Basic 6.0 界面

③ 假定要建立一个新的工程，选择“新建”选项卡，从中选择“标准 EXE”项（默认），然后单击“打开”按钮，进入如图 15-3 所示的 Visual Basic 6.0 应用程序集成开发环境。

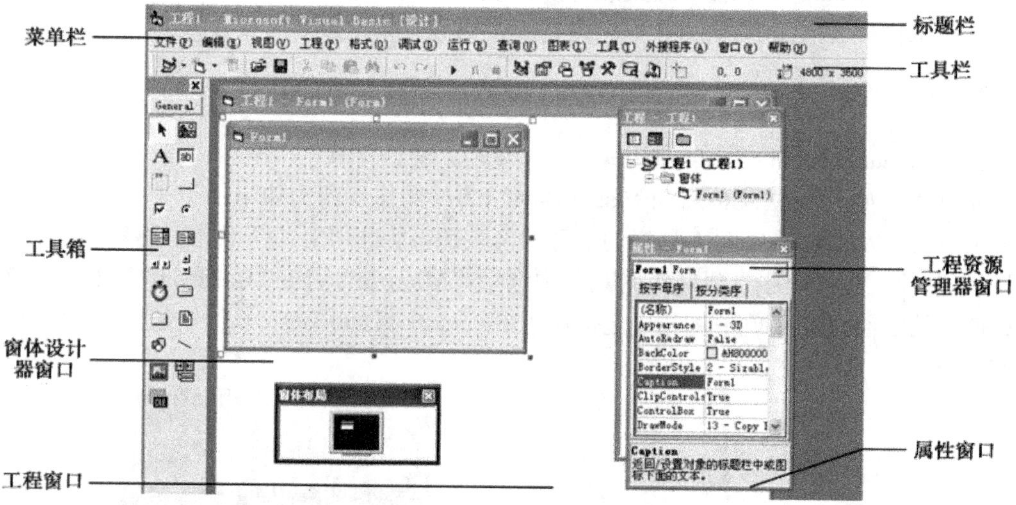

图 15-3　Visual Basic 6.0 应用程序集成开发环境

Visual Basic 的退出：在图 15-3 所示的 Visual Basic 6.0 应用程序集成开发环境窗口中，从“文件”菜单中选择“退出”命令、或双击窗口控制菜单图标、或单击窗口关闭按钮均可退出 Visual Basic 6.0。在退出时，系统可能会提示用户保存工程文件和窗体文件，有关保存文件的操作在下一节中进行详细说明。

（2）Visual Basic 集成开发环境的模式。

Visual Basic 的三种工作模式：设计模式、运行模式和中断模式。

① 启动 Visual Basic，选择新建一个新的工程，进入如图 15-3 所示的 Visual Basic 6.0 集成环境。此时，标题栏中的标题为“工程 1-Microsoft Visual Basic[设计]”，此时集成开发环境处于设计模式。

② 用鼠标单击工具栏中的“启动”按钮▶，或在“运行”菜单中选择“启动”命令，此时，标题栏中的标题为“工程 1-Microsoft Visual Basic[运行]”，此时集成开发环境处于运行模式（见图 15-4）。

图 15-4　运行模式

③ 在“运行”菜单中选择“中断”命令，或按“Ctrl+Break”组合键，此时，标题栏中的标题为“工程 1-Microsoft Visual Basic［break］”，此时集成开发环境处于中断模式（见图 15-5）。

图 15-5　中断模式

（3）Visual Basic 集成开发环境中的各种窗口。

① 窗体窗口。

- 启动 Visual Basic，进入如图 15-3 所示的 Visual Basic 6.0 应用程序集成开发环境后，中间部分显示的就是窗体窗口，窗体默认名为 Form1。
- 鼠标拖动窗体窗口标题栏，移动窗体窗口。
- 鼠标拖动窗体窗口边框，改变窗体窗口大小。
- 鼠标单击窗体窗口最小化按钮，将窗体窗口缩成图标；用鼠标双击窗体窗口图标，将其恢复。

② 属性窗口。

- 选中窗体窗口中的窗体（见图 15-3），此时属性窗口中显示了当前窗体的各种属性。
- 鼠标选中 Caption 属性，然后在右边列中输入“窗体示例”（见图 15-6），此时窗体的标题栏变为“窗体示例”。

③ 工程资源管理器窗口。

- Visual Basic 6.0 应用程序集成开发环境的右边，通常显示了工程资源管理器窗口，由于新建的工程系统会给出默认名“工程 1”，因此，窗口的标题栏中以“工程 1”为名（见图 15-7）。
- 单击“查看代码”按钮，会弹出代码窗口，用于显示和编辑代码。
- 单击“查看对象”按钮，会切换回窗体窗口，用于查看窗口上的模块对象。
- 单击“切换文件夹”按钮，可以使工程中的文件按类型分层次或不分层次显示。

④ 代码窗口。代码窗口是专门用来进行程序设计的窗口，可在其中显示和编辑程序代码。

- “视图”菜单中选择“代码窗口”命令。

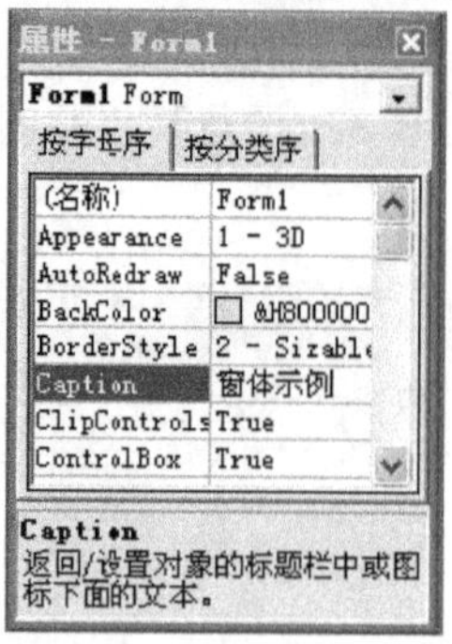

图 15-6　属性窗口

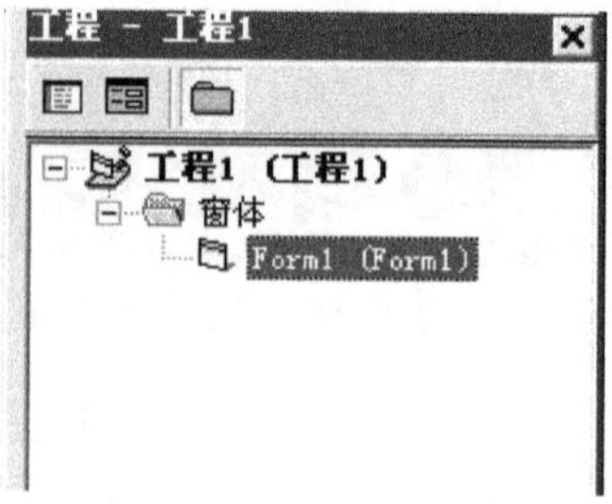

图 15-7　工程资源管理器窗口

- 代码窗口的对象列表框中选择对象 Form。
- 代码窗口的过程列表框中选择事件 Click（见图 15-8）。

⑤ 窗体布局窗口。在“视图”菜单中选择“窗体布局窗口”命令，打开窗体布局窗口（见图 15-9）。

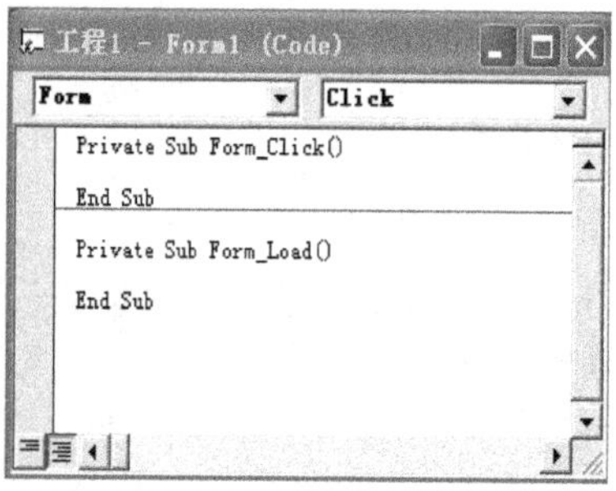

图 15-8　代码窗口

图 15-9　窗体布局窗口

⑥ 对象浏览器窗口。在“视图”菜单中选择“对象浏览器”命令，打开对象浏览器窗口（见图 15-10）。

⑦ 工具箱窗口。在设计状态时，工具箱总是出现在 Visual Basic 集成环境的左侧，用鼠标可以拖动该窗口到任何位置（见图 15-11）。若要不显示工具箱，可以关闭工具箱窗口；若要再次显示，选择“视图”菜单的“工具箱”命令。

图 15-10　对象浏览器窗口

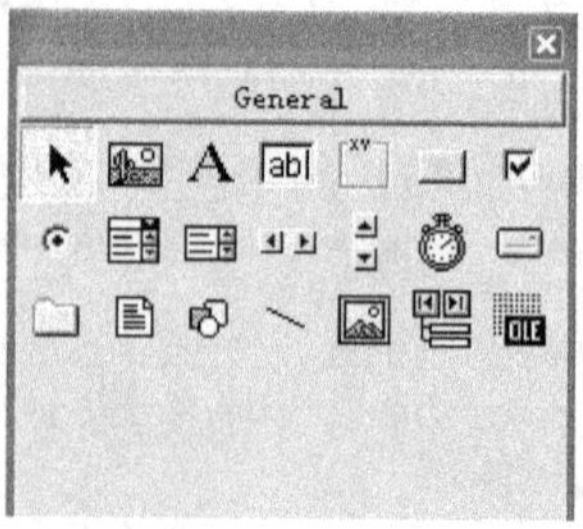

图 15-11　工具箱窗口

⑧ 立即窗口、本地窗口与监视窗口。在“视图”菜单中选择“立即窗口”命令，打开立即窗口；选择“本地窗口”命令，打开本地窗口；选择“监视窗口”命令，打开监视窗口（见图 15-12），这三个窗口用于程序的调试。

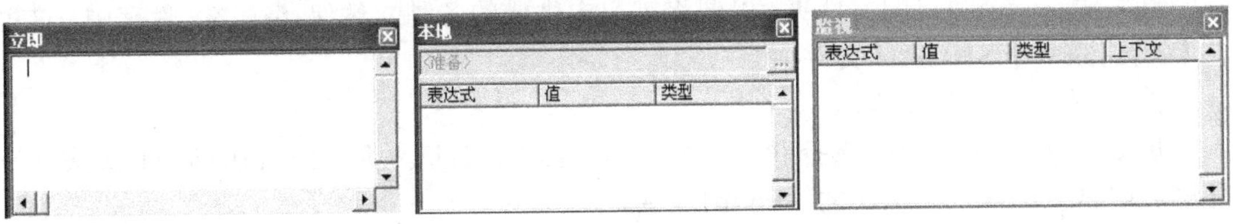

图 15-12　立即窗口、本地窗口与监视窗口

（4）Visual Basic 6.0 集成开发环境中的工具栏。

除了标准工具栏外，Visual Basic 6.0 还提供了编辑、窗体编辑器、调试等专用的工具栏。

① 在“视图”菜单中选择“工具栏”，在下拉菜单中列出 Visual Basic 6.0 提供的工具栏及当前工具栏的状态。图 15-13 显示当前只打开了标准工具栏。

② 在“工具栏”下拉菜单中选择“编辑”，打开编辑工具栏。

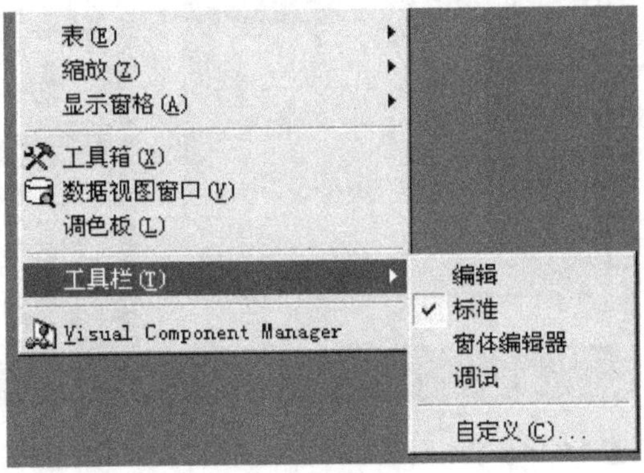

图 15-13　工具栏菜单

③ 在“工具栏”下拉菜单中选择“窗体编辑器”，打开窗体编辑器工具栏。

④ 在“工具栏”下拉菜单中选择“调试”，打开调试工具栏。

Visual Basic

15.2　实验 2　应用程序设计初步

1．实验目的

（1）了解 Visual Basic 6.0 应用程序的开发过程。

（2）理解 Visual Basic 中对象的概念。

（3）掌握在 Visual Basic 6.0 窗体上生成控件的方法。

2. 实验内容

（1）建立一个简单的 Visual Basic 应用程序。

首先建立一个自己的文件夹，以便将练习中生成的各种文件保存在该文件夹中，这里在 D 盘建立一个 SHIYAN 文件夹。

① 建立一个新的工程。

启动 Visual Basic 6,0，选择新建一个新的工程，此时进入到 Visual Basic 6.0 集成开发环境，屏幕上出现一个默认的“Form1”窗体。

② 设置窗体属性。

选中窗体窗口中的窗体，在属性窗口中选中“（名称）”属性，将其属性值改为“Frmlx1”；再选中 Caption 属性，然后在右边列中输入“窗体”，此时窗体的标题栏变为“窗体”，窗体窗口的标题栏为“工程 1-Frmlx1（Form）”（见图 15-14）。

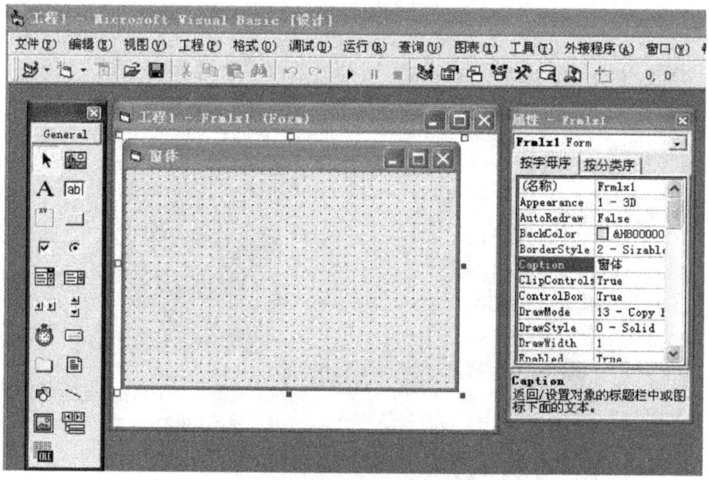

图 15-14　Visual Basic 集成开发环境中的窗体

③ 在窗体上绘制控件。

- 用鼠标单击“工具箱”中标有字母 A 的工具按钮（标签），这时鼠标指针会变为十字型，将十字型鼠标指针移动到窗体的合适位置，按下鼠标左键，然后按住鼠标拖动。随着鼠标的移动，会在窗体上画出一个矩形区域，当大小合适后，松开鼠标左键。此时，窗体上出现了一个标签控件，中间有文字“Label1”。用鼠标选中标签控件，然后在属性窗口中将其（名称）属性设为“Lbllx1”；Caption 属性设为“Visual Basic 6.0 实验指导示例 1”。
- 用鼠标单击“工具箱”中凸起矩形图案的工具按钮（命令按钮），按照上述方法在窗体的合适位置画出一个命令按钮，用鼠标选中该命令按钮，然后在属性窗口中将其“（名称）”属性设为“cmdlx11”，Caption 属性设为“显示”。
- 在窗体中再添加一个命令按钮，然后将其（名称）属性设为“cmdlx12”；Caption 属性设为“清除”。进行上述操作后窗体如图 15-15 所示。

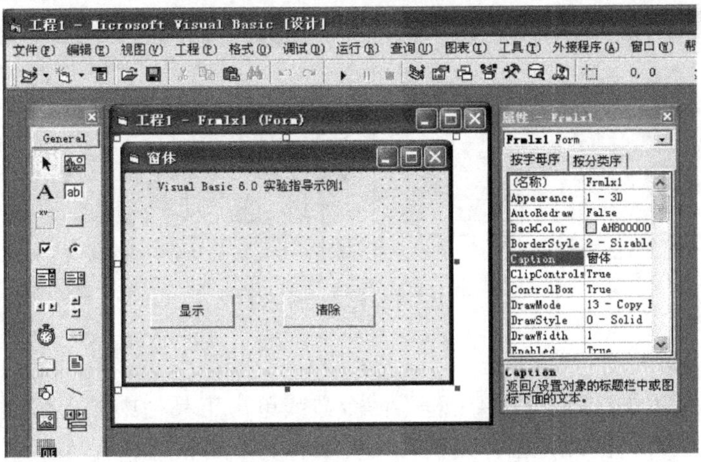

图 15-15　窗体设计画面

④ 编写程序代码。

● 双击“显示”按钮，打开代码窗口，（见图 15-16），然后输入如下代码：

```
private sub cmdlx11_Click( )
    Lbllx1．visible=True
    End Sub
```

● 在代码窗口的对象列表框中选择对象“cmdlx12”；在过程列表框中选择事件 Click（见图 15-16），然后输入如下代码：

```
Private Sub cmdlx12_Click ( )
Lbllx1．Visible=False
End Sub
```

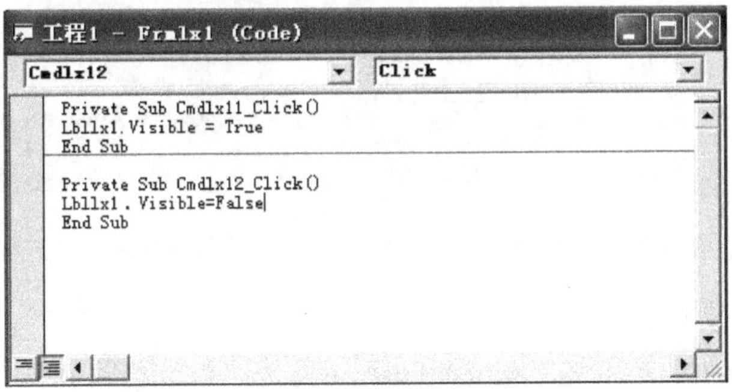

图 15-16　代码窗口

⑤ 运行程序。

关闭代码窗口，用鼠标单击工具栏中启动按钮 ▶ 。此时，程序开始运行，并出现如图 15-17 所示的画面，单击“清除”按钮，窗口上的文字消失；单击“显示”按钮，又使文字显示出来。

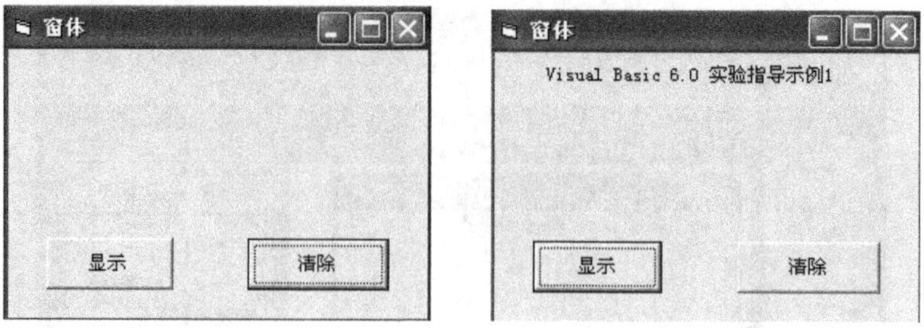

图 15-17　运行程序窗口

⑥ 保存文件。

在“文件”菜单中选择“保存工程”命令，或单击工具栏中的“保存工程”按钮。由于是第一次保存文件，因此，在弹出的“文件另存为”对话框中先提示保存窗体文件，将窗体文件保存在 D 盘的 SHIYAN 文件夹下并起名为 lx1.frm，此时，系统会继续提示保存工程文件，将工程文件也保存在 D 盘的 SHIYAN 文件夹下并起名为 lx1.vbp。

⑦ 生成可执行文件。

在“文件”菜单中选择“生成 lx1.exe”命令，弹出“生成工程”对话框，此时可执行文件名已默认为 lx1.exe（见图 15-18）。在该对话框中单击“选项”按钮，打开“工程属性”对话框（见图 15-19），在该对话框中可以设置版本号、版本信息、编译选项等。最后单击“确定”按钮进行编译。

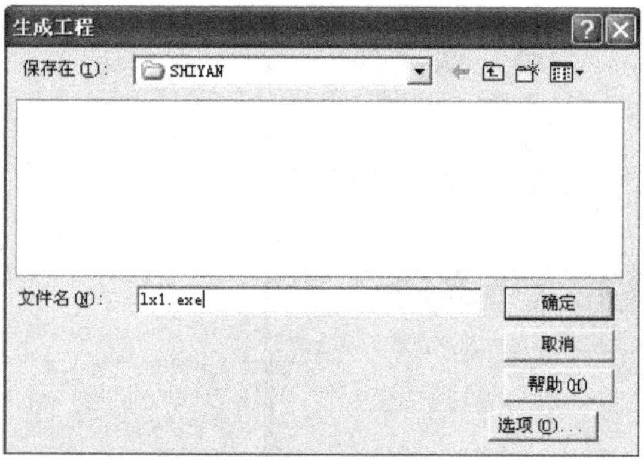

图 15-18　“生成工程”对话框

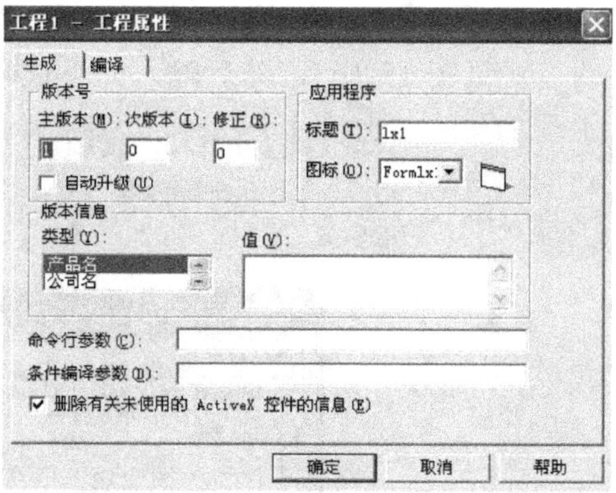

图 15-19　“工程属性”对话框

⑧ 运行可执行文件。

在 D 盘的 SHIYAN 文件夹下双击 lxl.exe 文件，运行该可执行文件。启动该程序后窗口如图 15-17 所示。

（2）控件的生成。

① 建立一个新的工程。

● 启动 VisualBasic 6.0，选择新建一个新的工程。

● 在属性窗口中将窗体的“(名称)”属性设为“Frmlx2”；Caption 属性设为“控件的生成”。

② 在窗体上生成控件。

- 用鼠标单击“工具箱”中的标签按钮，这时鼠标指针会变为十字型，将十字型鼠标指针移动到窗体的合适位置，按下鼠标的左键拖动，在窗体上画出一个标签控件，中间有文字“Label1”。用同样的方法在窗体上再生成两个标签控件，分别为Label2 和 Label3。
- 用鼠标双击“工具箱”中的文本框按钮，此时，在当前窗体的正中生成一个默认大小的文本框控件，名字为 Text1（见图 15-20）。

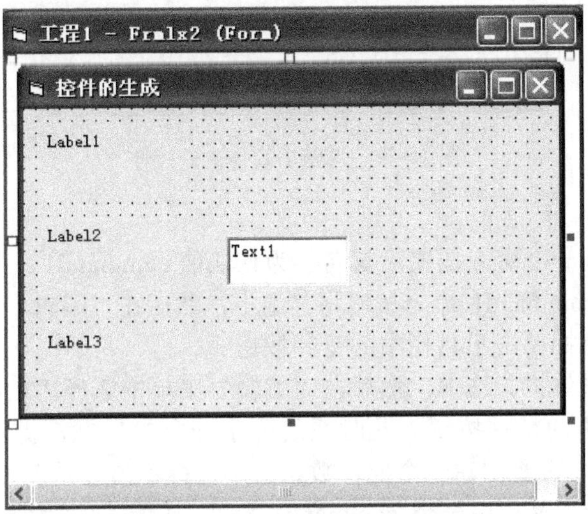

图 15-20　窗体上控件的初始状态

③ 调整控件。

- 移动控件：选中文本框控件 Text1，用鼠标拖动它到合适的位置；依次选中标签控件，用鼠标拖动调整它们的位置。
- 调整大小：选中文本框控件 Text1，将鼠标指针置于边框处，在出现双向箭头时拖动鼠标调整文本框大小；用同样方法调整三个标签，使之大小基本相同。
- 对齐控件：同时选中三个标签（先选定其中一个，然后按住 ctrl 或 shift 键，再选择其他两个；或在窗体上拖画出一个矩形框将三个标签选中），然后单击“格式”菜单，选择“对齐”子菜单下的“左对齐”命令。选中 Label1 控件和 Text1 控件，然后在“格式”菜单的“对齐”子菜单下选择“顶端对齐”命令。选中 Label3 控件和 Text1 控件，然后在“格式”菜单的“对齐”子菜单下选择“底端对齐”命令。
- 统一尺寸及调整间距：同时选中三个标签，然后在“格式”菜单的“统一尺寸”子菜单下选择“两者都相同”命令；之后在“格式”菜单的“垂直间距”子菜单下选择“相同间距”命令。

经过上述调整后，窗体如图 15-21 所示。

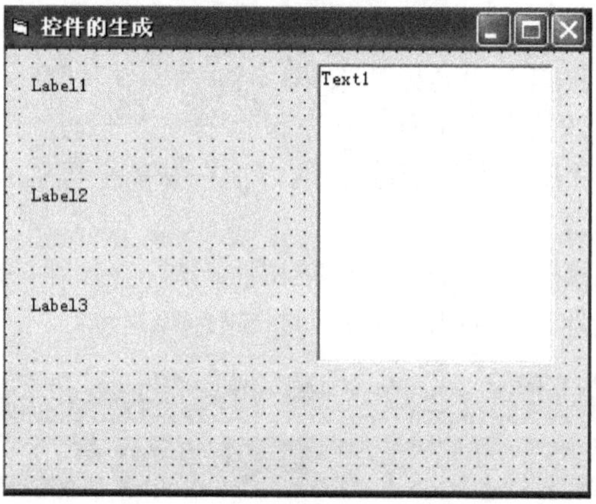

图 15-21　调整后窗体上的控件

④ 控件数组。

- 在窗体中再画一个命令按钮，其名字为默认值 command1。
- 用鼠标单击 command1 命令按钮将其选中，然后在“编辑”菜单中选择“复制”命令，或用鼠标单击工具栏中的复制按钮。
- 用鼠标单击窗体将其选中，然后在“编辑”菜单中选择“粘贴”命令，或用鼠标单击工具栏中的粘贴按钮。此时系统弹出一个信息框，提示已经有一个控件为 command1，是否要创建一个控件数组。用鼠标单击“是”按钮。
- 此时窗体左上角又出现一个 command1 控件，用鼠标将其拖动到合适位置。选中窗体，再单击工具栏中的粘贴按钮，在窗体左上角又出现一个 command1 控件。同样将该控件拖动到合适位置（见图 15-22）。

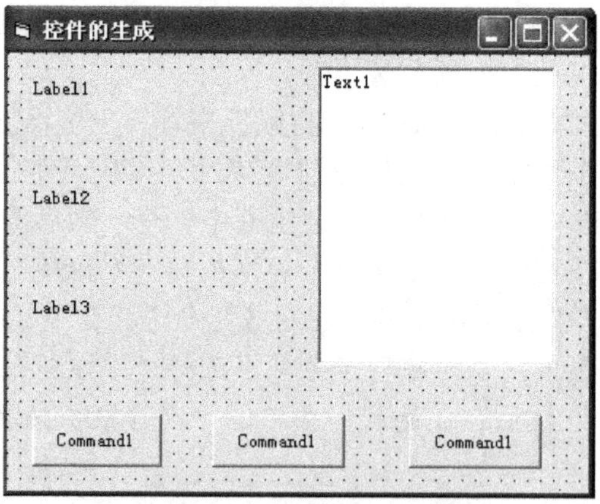

图 15-22　控件数组

这时在窗体上建立了三个外观相同并且名称均为 Command1 的控件，但是它们的 Index 属性是不同的，分别是 0、1、2。实际上，这就是创建了一个“控件数组”。

⑤ 将新的工程保存到 D 盘的 SHIYAN 文件夹，工程文件名为 lx2.vbp，窗体文件名为 lx2.frm。

3．上机练习题

编写程序。在窗体上单击“显示”按钮，窗体上显示“Visual Basic 6.0 欢迎您！”字符，单击“隐藏”按钮，窗体上的字符不显示。程序运行界面如图 15-23 所示。

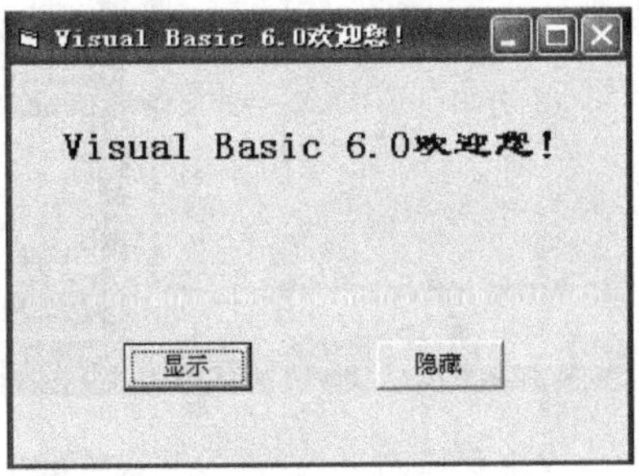

图 15-23　程序运行界面

Visual Basic

15.3　实验 3　窗体和基本控件

1．实验目的

（1）掌握 Visual Basic 6.0 窗体的常用属性、事件。
（2）掌握 Visual Basic 6.0 基本控件的常用属性。
（3）掌握设置启动窗体的方法。
（4）掌握命令按钮控件的属性、常用事件一般应用。
（5）掌握标签控件的属性、常用事件一般应用。

2．实验举例

（1）窗体的属性。

① 建立一个新的工程。

启动 Visual Basic 6.0，在“新建工程”对话框中的新建标签中选择标准 EXE，进入到 Visual Basic 6.0 集成开发环境，屏幕上出现一个默认的“Form1”窗体。

② 设置窗体属性。

- “(名称)”属性和 Caption 属性。选中窗体窗口中的窗体，在属性窗口中选中“(名称)”，将其属性值改为“Frmlx3”。选中 Caption 属性，然后在右边列中输入“窗体属性设置”，此时窗体的标题栏变为“窗体属性设置”，窗体窗口的标题栏为“工程 1-Frmlx3（Form）”（见图 15-24）。
- 关于窗体标题栏的属性。

'MaxButton 属性，选中此属性，在右边列中选择“False”(MinButton 属性为 True)，此时窗体的最大化按钮变为灰色（不可操作）。

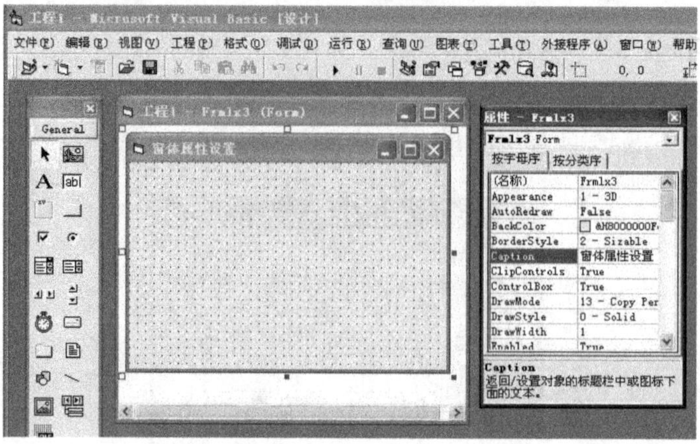

图 15-24　设置窗体的“（名称）”、Caption 属性

'MinButton 属性，选中此属性，在右边列中选择“False”（MaxButton 属性为 True）此时窗体的最小化按钮变为灰色（见图 15-25）。

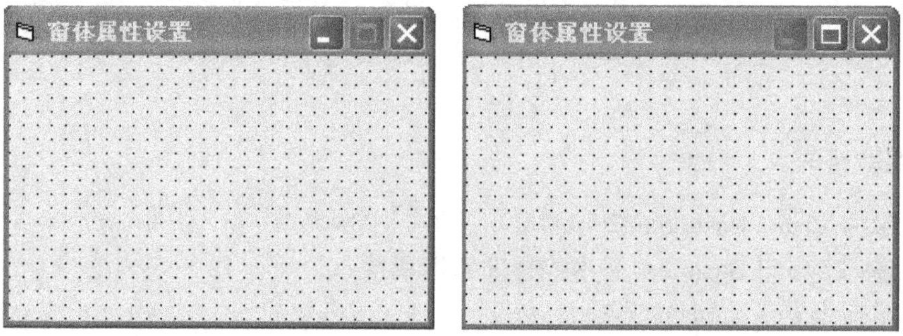

图 15-25　MaxButton 属性和 MinButton 属性

'如果将 MaxButton 属性和 MinButton 属性同时设为“False”，则窗体的最大化和最小化按钮均消失。

'ControlBox 属性，选中此属性，在右边列中选择“False”，此时窗体标题栏左侧的控制菜单框（图标）消失，同时最大化按钮、最小化按钮和关闭按钮也消失（见图 15-26）。

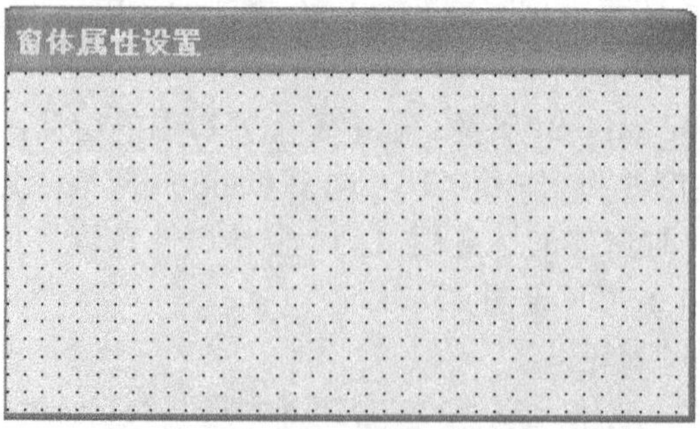

图 15-26　ControlBox 属性

- 关于窗体外观的属性。

'Moveable 属性，选中此属性，在右边列中选择“False”，然后，用鼠标单击工具栏上的启动按钮 ▶ 运行程序。此时窗体为不可移动状态，用鼠标不能拖动窗口。

'BorderStyle 属性，选中此属性，在右边列中选择“1-FixedSingle”，然后单击启动按钮 ▶ 运行程序。此时窗体为边框不可调状态，用鼠标不能拖动窗口边框调整窗口大小，窗口也没有最大化按钮、最小化按钮（见图 15-27）。

图 15-27　BorderStyle 属性

③ 将新的工程保存到 D 盘的 SHIYAN 文件夹，工程文件名为 lx3.vbp，窗体文件名为 lx3.frm。

（2）窗体的常用事件。

① 建立一个新的工程。

启动 Visual Basic 6.0，选择新建一个新的工程，将窗体的（名称）属性设为“Frmlx4”，在窗体上建立一个 PictureBox 控件，（名称）属性默认为“Picture1”。

② Load 事件。

Load 事件通常用来在启动应用程序时对属性和变量进行初始化。

- 双击窗体，打开代码编辑窗口，此时默认为窗体的 Load 事件。或在工程资源管理器窗口中单击“查看代码”按钮，从“对象列表框”中选择对象为 Form；“过程列表框”中事件过程选择为 Load（见图 15-28）。
- 为 Load 事件过程编写代码如下：

```
    Private Sub Form_Load( )
    Frmlx4. Caption=  "窗体 Load 事件"
    Picturel. picture=LoadPicture ("d:\SHIYAN\Winter.jpg")
End Sub
```

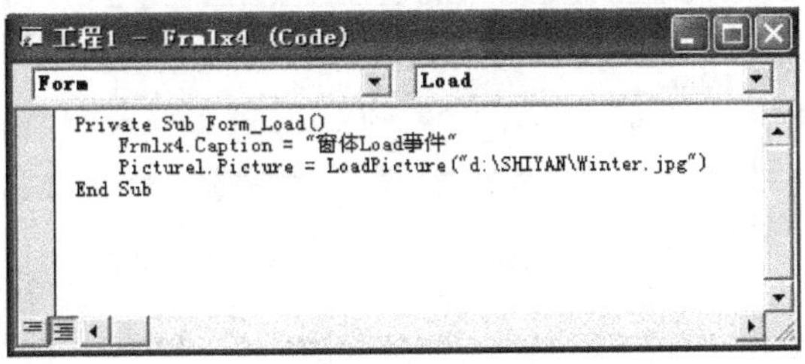

图 15-28　代码编辑窗口

注意：此事件要运行成功，必须先在 d 盘建立一个名为 SHIYAN 的文件夹，该文件夹中保存一个名为 Winter.jpg 的图片文件。

- 单击工具栏上的启动按钮 ▶ 运行程序。此时窗口标题栏为“窗体 Load 事件”、窗口中显示出一个图片（见图 15-29），说明在启动应用程序时通过程序代码对窗体的 Caption 属性和 PictureBox 的 Picture 属性进行了初始化。

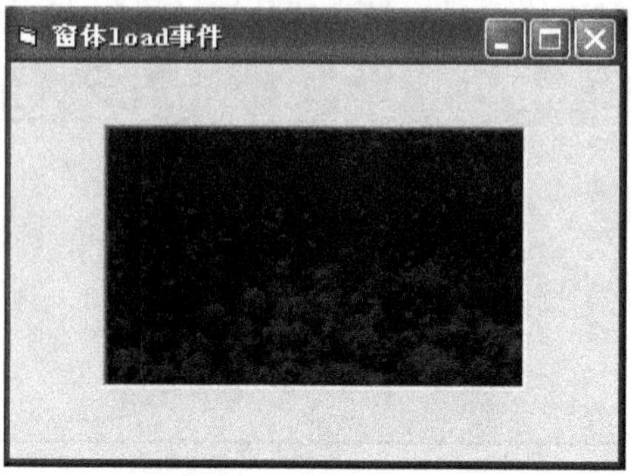

图 15-29　Load 事件练习

③ Click 事件。

- 双击窗体，或在工程资源管理器窗口中单击“查看代码”按钮，打开代码编辑窗口。从“对象列表框”中选择对象为 Form；“过程列表框”中选择事件过程为 Click（见图 15-30）。
- 为 Click 事件过程编写代码如下：

```
Private Sub Form_C1ick( )
Frmlx4．Caption="窗体 Click 事件"
Picturel．Picture=LoadPicture("")
End Sub
```

- 单击工具栏上的启动按钮运行程序。此时窗口标题栏仍为“窗体 Load 事件”（窗口中仍显示图片），如图 15-29 所示，这说明在启动应用程序时先触发的是 Load 事件。
- 用鼠标单击程序窗口，此时窗口标题栏变为“窗体 Click 事件”、窗口中显示的图片消失（见图 15-31），说明由于单击窗口，触发了 Click 事件。

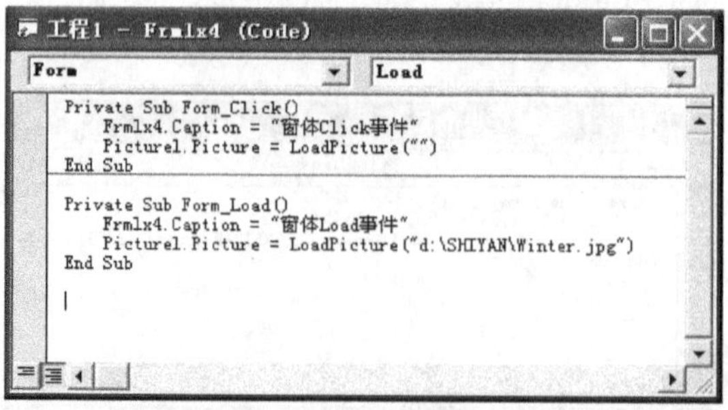

图 15-30　代码编辑窗口

图 15-31　Click 事件练习

④ 将新的工程保存到 D 盘的 SHIYAN 文件夹，工程文件名为 lx4.vbp，窗体文件名为 lx4.frm。

（3）设置启动窗体。

① 建立一个新的工程。

- 启动 Visual.Basic 6.0，选择新建一个新的工程。
- 在属性窗口中将窗体的“(名称)”属性设为“Frmlx51”；Caption 属性设为“默认的启动窗体”。
- 在窗体上建立一个标签，将其 Caption 属性设为“这是默认的启动窗体”。
- 将新的工程保存到 D 盘的 SHIYAN 文件夹，工程文件名为 lx5.vbp，窗体文件名为 lx51.frm。
- 在 Visual Basic 6.0 集成环境中单击“工程”菜单，选择“添加窗体”命令，或在工具栏中单击“添加窗体”按钮，在当前工程中添加一个窗体。
- 将新添加窗体的“(名称)”属性设为“Frmlx52”；Caption 属性设为“设置的启动窗体”。
- 在窗体上建立一个标签，将其 Caption 属性设为“这是设置的启动窗体”。
- 保存新添加的窗体，窗体文件名为 lx52.frm；保存位置为 D 盘的 SHIYAN 文件夹。

② 设置启动窗体。

- 单击工具栏上的启动按钮运行程序。因为在默认情况下，应用程序中的第一个窗体即 Frmlx51 被指定为启动窗体，所以，启动应用程序时，屏幕上出现了 Frmlx51 窗体（见图 15-32）。

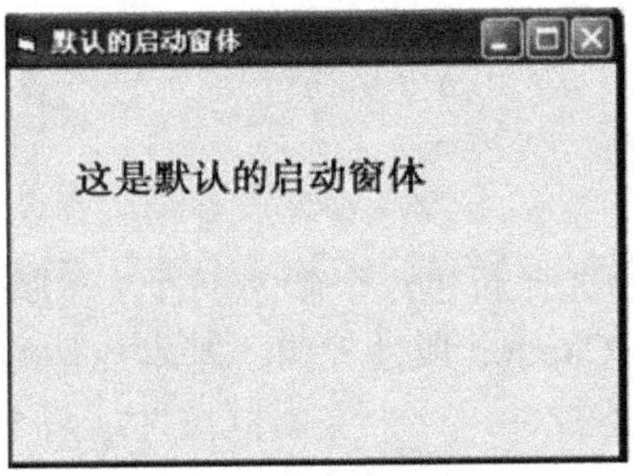

图 15-32　默认的启动窗体

- 从“工程”菜单中，选取“工程属性”命令，打开“工程属性”对话框，如图 15-33 所示。

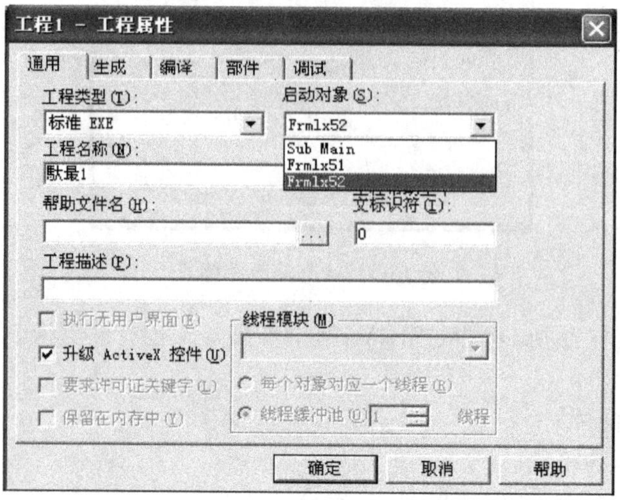

图 15-33 “工程属性”对话框

- 在“工程属性”对话框中，选取通用选项卡。
- 在“启动对象”列表框中，选取 Frmlx52 窗体为新的启动窗体的窗体设置完成后单击“确定”按钮。
- 单击工具栏上的启动按钮运行程序。由于设置了 Frmlx52 窗体为新的启动窗体，所以，启动应用程序时，屏幕上出现了 Frmlx52 窗体（见图 15-34）。

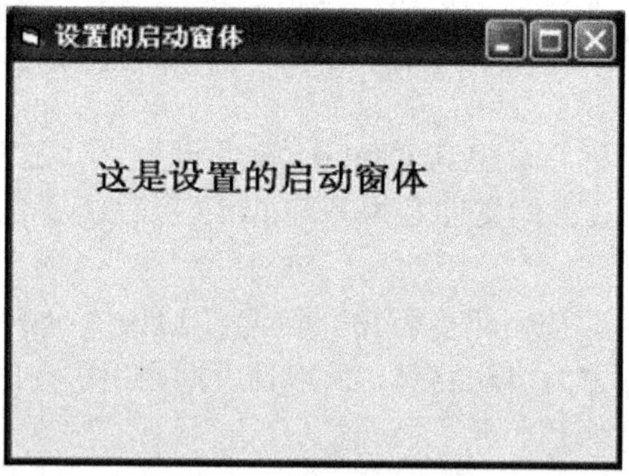

图 15-34 设置的启动窗体

（4）基本控件的常用属性。

① 建立一个新的工程。

- 启动 Visual Basic 6.0，选择新建一个新的工程，在属性窗口中将窗体的“(名称)”属性设为“Frmlx6”；Caption 属性设为“基本控件的常用属性”。
- 在窗体上建立一个标签控件，一个文本框控件，两个命令按钮控件。

② “(名称)” 属性和 Caption 属性。

“(名称)” 属性是所创建对象的名称，而 Caption 属性决定了控件上显示的内容。

- 用鼠标选中标签，在属性窗口中将 “(名称)” 属性设为 “Lbllx6”；Caption 属性设为 “请在下面文本框中输入文字：”。
- 选中第一个命令按钮控件，在属性窗口将其“(名称)”属性设为“Cmdlx61”；Caption 属性设为 “命令按钮 1”。选中第二个命令按钮控件，在属性窗口将其 “(名称)” 属性设为 “Cmdlx62”；Caption 属性设为 “命令按钮 2”。
- 选中文本框控件，在属性窗口将其 “(名称)” 属性设为 “Txtlx6”；Text 属性设为空。

注意：文本框控件没有 Caption 属性，Text 属性用于设置或取得文本框中显示的文本。

③ 决定控件大小和位置的属性。

Height 和 Width 属性决定控件的高度和宽度，Top 和 Left 属性决定控件在窗体中的位置。

- 选中标签控件，在属性窗口中将 Height 属性设为 240，将 Width 属性设为 3000。
- 选中命令按钮控件，在属性窗口中将 Height 属性设为 500，将 Width 属性设为 1300。
- 选中文本框控件，在属性窗口中将 Height 属性设为 1100，将 Width 属性设为 2500。
- 单击工具栏上的启动按钮 ▶ 运行程序，程序界面如图 15-35 所示。

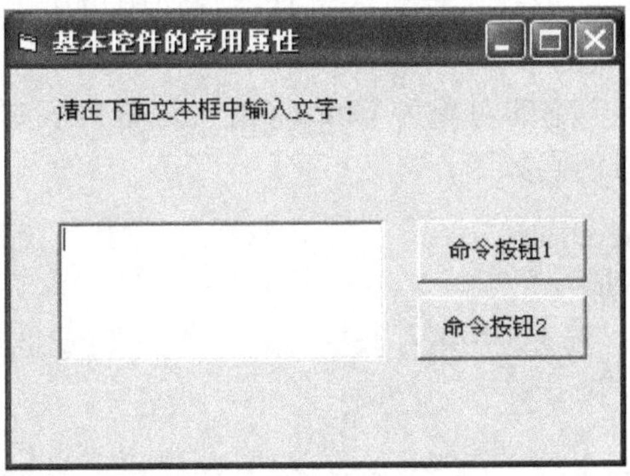

图 15-35　控件的大小和位置

④ 决定控件行为的属性。

Enabled 属性决定控件是否允许操作，Visible 属性决定控件是否可见。

- 选中标签控件，在属性窗口中将 Visible 属性设为 False。
- 选中 “命令按钮 1”，在属性窗口中将 Enabled 属性设为 False。
- 选中文本框控件，在属性窗口中将 Enabled 属性设为 False。
- 单击工具栏上的启动按钮运行程序。由于标签的 Visible 属性为 False，所以，在窗口上没有显示 “请在下面文本框中输入文字：”；“命令按钮 1” 的 Enabled 属性为 False，所以呈现为灰色；文本框的 Enabled 属性为 False，所以在窗口中无法对文本框进行输入。程序界面如图 15-36 所示。

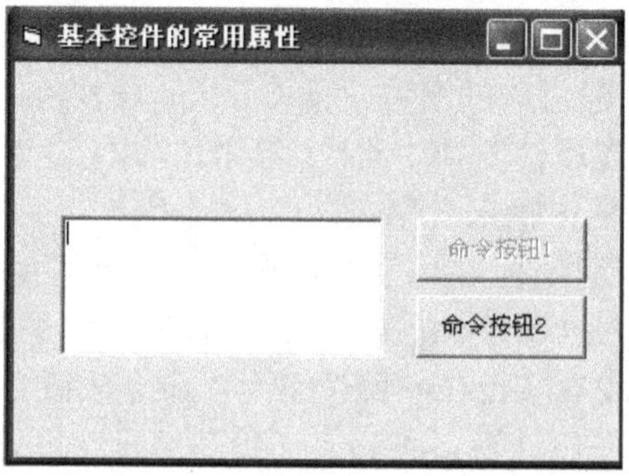

图 15-36 控件的行为

⑤ 改变文本外观的属性。

Font 属性改变文本的外观，其中，FontName 属性决定控件上正文的字体，FontSize 属性决定控件上正文字体的大小，FontBold 属性表示控件上正文是否是粗体，FontItalic 属性表示控件上正文是否是斜体，FontStrikethru 属性表示控件上正文是否加删除线，FontUnderline 属性表示控件上正文是否带下划线。

- 将标签控件的 Visible 属性设为 True，命令按钮和文本框控件的 Enabled 属性设为 True。
- 双击“命令按钮 2”，或在工程资源管理器窗口中单击“查看代码”按钮，打开代码编辑窗口。
- 确认“对象列表框”中的对象为 Cmdlx62；“过程列表框”中的事件过程为 Click。
- 在事件过程中编写代码如下：

```
Private sub Cmdlx62_C1ick()
Lbllx6. Visible=True
Lbllx6. FontName="楷体_GB2312"
Lbllx6. FontSize=10
Lbllx6. FontBold=True                  '粗体
Lbllx6. FontItalic=True                '倾斜
Lbllx6. FontUnderline=False            '不带下划线
Cmdlx6l. Enabled=True
Cmdlx6l. FontName="仿宋_GB2312"
Cmdlx6l. FontSize=12
Cmdlx6l. FontBold=True                 '粗体
Cmdlx6l. FontItalic=False              '不倾斜
Cmdlx6l. FontUnderline=True            '带下划线
Cmdlx62. FontName="仿宋_GB2312"
Cmdlx62. FontSize=10
Cmdlx62. FontBold=False                '不粗体
Cmdlx62. FontItalic=True               '倾斜
Txtlx6. Enabled=True
Txtlx6. FontName="黑体"
Txtlx6. FontStrikethru=True            '加删除线
```

```
Txtlx6．FontSize=14
End Sub
```

● 单击工具栏上的启动按钮 ▶ 运行程序，程序界面如图 15-37 所示。从图中可以看出，标签的文字“请在下面文本框中输入文字：”为楷体加粗倾斜；命令按钮 1 的文字为仿宋加粗带下划线；在文本框中输入文字，发现为黑体加删除线。

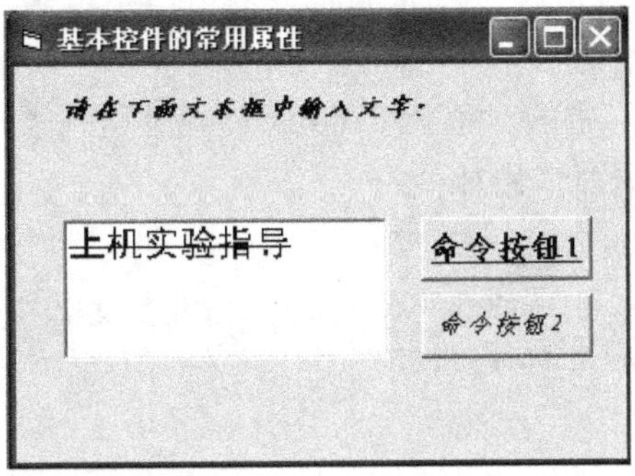

图 15-37　改变文本的外观

⑥ 设置颜色的属性。

在程序中设置背景色和前景色（文字的颜色）。在程序中可以通过设置 BackColor 属性来设置对象的背景色，通过设置 ForeColor 属性来设置对象的前景色（文字颜色）。设置颜色的语句格式如下：

```
Object.BackColor=[Color]
Object.ForeColor=[Color]
```

其中，Object 是对象名称，Color 是描述颜色的数值，Color 可以有以下 4 种表示方法。

第一种方法：可以用十六进制数或十进制整数&HBBGGRR 或&××××××描述，十六进制数的左边应加字母 H。其中【××××××】是标准 RGB 颜色的十进制数，数值的取值范围 0(&H0) ～16777215(&HFFFFFF)。该数值范围内，从最低字节到最高字节依次决定红、绿和蓝的量。红、绿和蓝的量，分别由一个介于 0～255(&HFF)之间的数来表示。例如，&00 或&H0 表示黑色，&HFFFFFF 表示白色，&H0000FF 表示红色，&HFF0000 表示蓝色，&H00FF00&表示绿色，&HFFFF00 表示黄色，&0256 表示深红色，&060000 表示深绿色。

第二种方法：可以使用系统提供的描述颜色的常量。例如，vbRed 表示红色，vbGreen 表示绿色，vbBlue 表示蓝色，vbBlack 表示黑色，vbWhite 表示白色，vbYellow 表示黄色，vbCyan 表示青色。

第三种方法：使用 RGB(r,g,b)函数来表示。RGB(r,g,b)函数采用三基色原理，其中，r，g，b 的取值分别是 0～255 之间的整数。例如，RGB(255,0,0)表示红色，RGB(0,255,0)表示绿色，RGB(0,0,255)表示蓝色，RGB(255,255,0)表示黄色，RGB(255,0,255)表示紫色，RGB(0,255,255)表示青色，RGB(0,0,0)表示黑色，RGB(255,255,255)表示白色。

第四种方法：使用 QBColor(color)函数来表示。例如，QBColor(1)表示蓝色，QBColor(14)表示亮黄色。

- 选中标签控件，在属性窗口中选择 ForeColor 属性，然后用鼠标单击右侧列的下拉按钮，在弹出的选框中选择“调色板”，然后在调色板中选择红色。此时 ForeColor 属性值显示为一个十六进制常数&H000000FF&。用同样的方法设置标签控件的 BackColor 属性，将 BackColor 属性设为青色，其对应的十六进制常数为&H00FFFF00&。
- 双击“命令按钮 1”，或在工程资源管理器窗口中单击“查看代码”按钮，打开代码编辑窗口。
- 确认“对象列表框”中的对象为 Cmdlx61；“过程列表框”中的事件过程为 Click。
- 为 Click 事件过程编写代码如下：

```
Private Sub Cmdlx61_click( )
    Txtlx6.ForeColor=&H000000FF&      '将文本框的文字颜色设为红色
    Txtlx6.Backcolor=&H00FFFF00&      '将文本框的背景颜色设为青色
End Sub
```

- 单击工具栏上的启动按钮 ▶ 运行程序，程序界面如图 15-38 所示。此时，标签的文字“请在下面文本框中输入文字：”为红色，背景为青色；在文本框中输入文字，发现文字为黑色，背景为白色，单击命令按钮后，文本框中的文字变为红色，文本框背景变为青色。

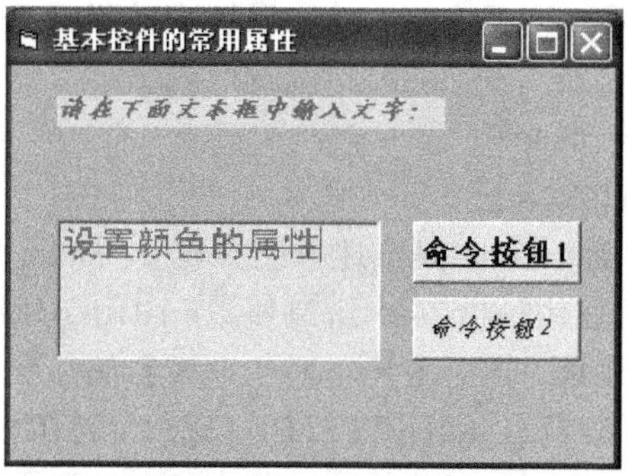

图 15-38　前景颜色与背景颜色

⑦ 设置控件风格的属性。

BackStyle 属性用来设置控件的背景风格，BorderStyle 属性用来设置控件的边框风格。

- 设置标签控件的 BackStyle 属性为 0，此时发现标签控件的背景颜色显示不出来，即此时标签控件处于透明显示状态；将标签控件的 BackStyle 属性重新设为 1，又显示出其背景颜色青色。
- 设置标签控件的 BorderStyle 属性为 1，此时发现标签控件变为具有三维效果的带有单边框的控件；将 BorderStyle 属性重新设为 0，标签控件又变为没有边框的样式。标签控件 BorderStyle 属性的默认值为 0。
- 设置文本框控件的 BorderStyle 属性为 0，此时发现文本框控件变为没有边框的样式；将 BorderStyle 属性重新设为 1，文本框控件又变为具有三维效果的带有单边框的控件。文本框控件 BorderStyle 属性的默认值为 1。

⑧ 设置控件的对齐属性。

Alignment 属性决定控件内的文字对齐方式。标签和文本框控件的 Alignment 属性的默认值均为 0—Left Justify，即正文左对齐。

- 选中标签控件，设置标签控件的 Alignment 属性为 2-center，此时标签的文字“请在下面文本框中输入文字”变为正文居中显示。
- 选中文本框控件，设置文本框控件的 Alignment 属性为 1-Right Justify，此时文本框内的文字变为正文右对齐显示。

⑨ 设置控件的自动调整大小属性。

AutoSize 属性决定控件是否自动调整大小；WordWarp 属性表示在垂直或水平方上改变显示区域的大小，它只在 AutoSize 属性设置为 True 时才有效。

- 选中标签控件，设置标签控件的 AutoSize 属性为 True，WordWarp 属性为 False，然后在属性窗口的Caption属性中输入“This is a example of AutoSize and WordWarp property”。随着 Caption 属性文字的输入，标签在水平方向上按正文长度自动放大。

WordWarp 属性为 False，使标签水平地展开或缩短以使其与文本的长度相适应，并且垂直地展开或缩短以使其与字体的大小和文本的行数相适应。False 为 WordWarp 属性的默认值。

- 重新选中标签控件，将 Caption 属性设为""（空），将标签控件的宽度缩小（最多容纳 10 个字符）。然后设置标签控件的 AutoSize 属性为 True，WordWarp 属性为 True，之后在属性窗口的 Caption 属性中输入“This is an example of AutoSize and WordWarp property”。随着 Caption 属性文字的输入，标签在垂直方向上自动增大，而水平方向大小不变。

WordWarp 属性为 True，使标签控件垂直展开或缩短，以使其与文本和字体大小相适应，水平大小不变。

⑩ 将新的工程保存到 D 盘的 SHIYAN 文件夹，工程文件名 lx6.vbp，窗体文件名为 lx6.frm。

（5）基本控件的应用。

① 建立一个新的工程。

- 启动 Visual Basic 6.0，选择新建一个新的工程。
- 在属性窗口中将窗体的“(名称)”属性设为“Frmlx7”；Caption 属性设为“基本控件的应用”。
- 在窗体上依次建立两个标签控件、三个命令按钮控件，并按表 15-1 设置属性。

表 15-1　控件属性

控 件 名 称	Caption 属性	ForeColor 属性	BackColor 属性
Label1	标签 1 习题解答	红	青
Label 2	标签 2 实验指导	蓝	浅绿
Command1	交换文字	默认	默认
Command2	交换背景	默认	默认
Command3	关闭	默认	默认

② 编制命令按钮的触发事件。

- 在工程资源管理器窗口中单击“查看代码”按钮，打开代码编辑窗口。
- “对象列表框”中选择“(通用)”，“过程列表框”为“(声明)”，然后在代码编辑窗口中输入如下语句用于声明公共变量：

  Dim wz　As String，wzcolor As Long，bjcolor As Long
- “对象列表框”中选择对象 Commandl；“过程列表框”中选择事件过程 Click，在代码编辑窗口中为“交换文字”命令按钮的 Click 事件过程编写代码如下：

```
Private Sub Command1 _Click( )
 wz = Label1．Caption
 wzcolor= Label1．ForeColor
 Label1．Caption= Label2．Caption
 Label1．ForeColor= Label2．ForeColor
 Label2．Caption=wz
 Label2．ForeColor=wzcolor
End Sub
```

- “对象列表框”中选择对象 Command2；“过程列表框”中选择事件过程 Click，在代码编辑窗口中为“交换背景”命令按钮的 Click 事件过程编写代码如下：

```
Private Sub Command12_Click( )
 bjcolor= Label1．BackColor
 Label1．BackColor= Label2．BackColor
 Label2．BackColor=bjcolor
End Sub
```

- “对象列表框”中选择对象 Command3，“过程列表框”中选择事件过程 Click，在代码编辑窗口中为“关闭”命令按钮的 Click 事件过程编写代码如下：

```
Private Sub Command3_Click()
 End
End Sub
```

- 单击工具栏上的启动按钮运行程序，窗口如图 15-39 所示。此时单击“交换文字”按钮，标签 1 和标签 2 的文字（包括文字颜色）互换；单击“交换背景”按钮，标签 1 和标签 2 的背景互换；单击“关闭”按钮，退出程序。

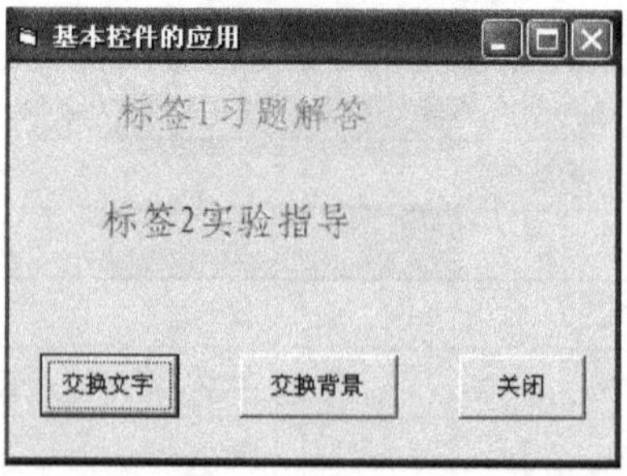

图 15-39　基本控件的应用

③ 命令按钮的 Default 属性和 Cancel 属性。

- 选中“交换背景”命令按钮控件，在属性窗口中将 Default 属性设为 True。
- 选中“关闭”命令按钮控件，在属性窗口中将 Cancel 属性设为 True。
- 单击工具栏上的启动按钮运行程序。此时按 Enter 回车键，发现标签 1 和标签 2 的背景互换，相当于单击了“交换背景”按钮，说明“交换背景”按钮是默认按钮：按 Esc 键退出程序，相当于单击了“关闭”按钮，说明“关闭”按钮是 Cancle 按钮。
- 选中“交换文字”按钮控件，将其 Default 属性设为 True。此时查看一下“交换背景”按钮的 Default 属性，发现已变为 False，说明一个窗体中只能有一个按钮的 Default 属性为 True，当某按钮的 Default 属性值设为 True 以后，该窗体中的所有其他按钮的 Default 属性全部被自动设为 False。
- 选中“交换背景”命令按钮控件，将其 Cancel 属性设为 True。此时查看一下“关闭”按钮的 Cancel 属性，发现已变为 False。说明一个窗体中只能有一个按钮的 Cancel 属性为 True，当某按钮的 Cancel 属性值设为 True 以后，该窗体中的所有其他按钮的 Cancel 属性全部被自动设为 False。

④ 将新的工程保存到 D 盘的 SHIYAN 文件夹，工程文件名为 lx7.vbp，窗体文件名为 lx7.frm。

3．上机练习题

（1）利用两个标签控件，显示具有浮雕效果的文字，运行界面如图 15-40 所示。

提示：文字的浮雕效果实际上是把白色的文字和黑色的文字错位并叠加在一起实现的。为了实现错位，只要使两个标签在叠加时错开一点距离即可。

图 15-40　程序运行界面

（2）创建如图 15-41 所示的界面，并编写程序达到以下目的：

① 窗体启动时，自动在屏幕上居中。

② 输入被加数和加数后，单击“计算”按钮，得到计算结果。

（3）在窗体上添加一个标签控件，要求在程序运行时，单击窗体时改变标签的背景色、前景色和标题，双击窗体时则还原。

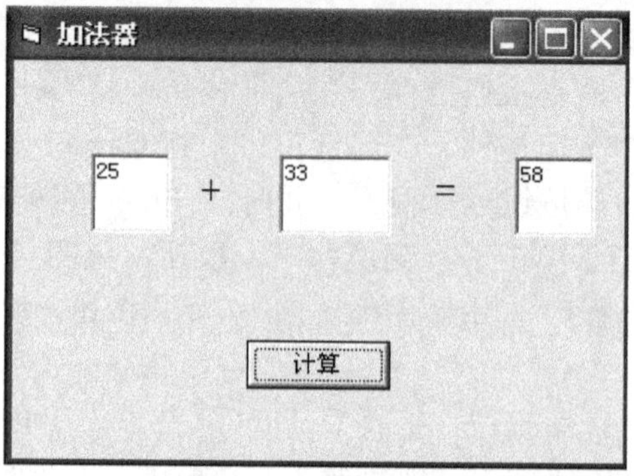

图 15-41　程序运行界面

15.4　实验 4　Visual Basic 语言基础

1．实验目的

（1）熟练掌握常量和变量在程序建立、编辑、运行的全过程。
（2）掌握表达式的使用规则。
（3）掌握一些常用内部函数的用法。

2．实验内容

（1）输入任意一个数字，输出其二次方的结果。
① 界面设计：新建一工程，在窗体内双击打开代码编辑框。
② 程序代码如下：

```
Private Sub Form_Click()
        Dim num As Integer
        num=Inputbox("输入数字")
        Print num*num
    End Sub
```

③ 程序运行结果如图 15-42 所示。

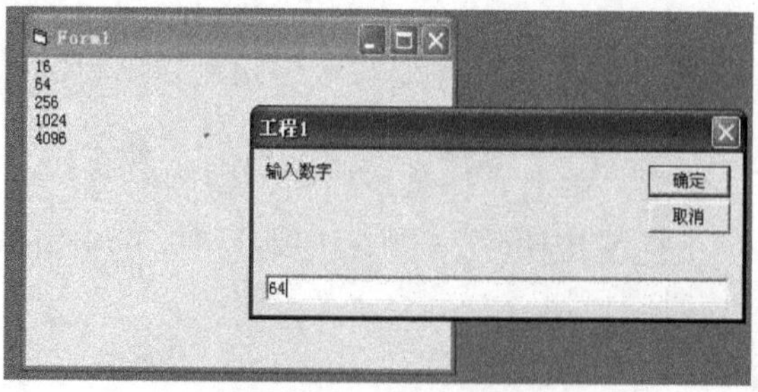

图 15-42　程序运行结果

（2）通过随机函数产生 2 个两位正整数（分别放在文本框中），求这 2 个数之积并显示在第三个文本框中。

① 界面设计：新建一工程，在窗体内设置一个标签控件 Label1，三个文本框控件 Text1，Text2 和 Text3。具体位置如图 15-43 所示，具体属性设置如表 15-2 所示。

表 15-2　控件属性表

对象（名称）	属性	属性值
Form　（Form1）	Caption	
Label（Label1）	Caption	结果
	AutoSize	True
	Font	宋体，常规，三号
Text（Text1）	Text	空
	Font	宋体，常规，小四
Text（Text2）	Text	空
	Font	宋体，常规，小四
Text（Text3）	Text	空
	Font	宋体，常规，小四

② 程序代码如下：

```
Private Sub Form_Click()
        Randomize
        Text1.text = Int(90 * Rnd + 10)
        Text2.text = Int(90 * Rnd + 10)
        Text3.text=text1.text * text2.text
  End Sub
```

③ 程序运行结果如图 15-43 所示。

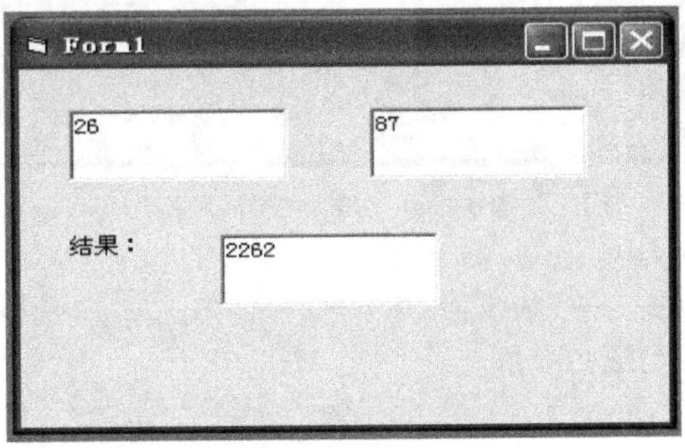

图 15-43　程序运行结果

（3）设计程序，实现两个文本框内容的交换。

① 界面设计：新建一工程，在窗体内设置一个命令按钮控件 Command1，两个文本框控件 Text1，Text2。具体位置如图 15-44 所示，具体属性设置如表 15-3 所示。

表 15-3　控件属性表

对象（名称）	属性	属性值
Form　（Form1）	Caption	
Command　（Command1）	Caption	交换
	Font	宋体，常规，小三号
Text（Text1）	Text	空
	Font	宋体，常规，小四
Text（Text2）	Text	空
	Font	宋体，常规，小四

② 程序代码如下：

```
Private Sub Command1_Click()
    Dim t As String,a As String,b As String
        a = Text1.Text
        b = Text2.Text
        t = a
        a = b
        b = t
        Text1.Text = a
        Text2.Text = b
    End Sub
```

③ 程序运行结果如图 15-44 所示。

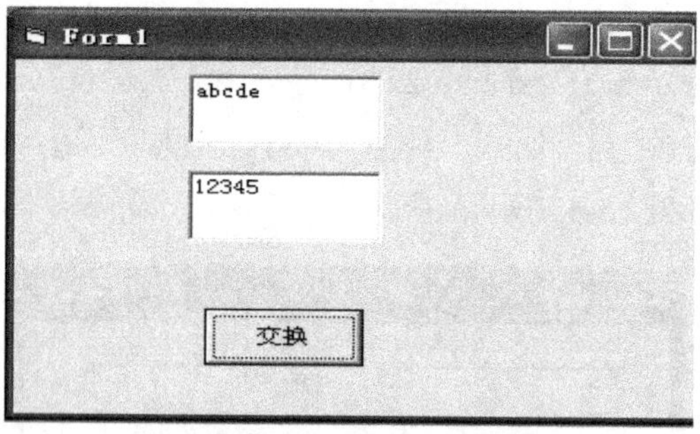

图 15-44　程序运行结果

Visual Basic

15.5　实验 5　程序结构

1. 实验目的

（1）掌握赋值语句、输入、输出语句的使用。
（2）掌握用户交互的函数和过程 InputBox 与 MsgBox 的使用。

（3）掌握单分支条件、双分支条件和多分支条件语句的使用。
（4）掌握多分支选择结构语句的使用。
（5）掌握 For 和 Do 语句的使用。
（6）掌握如何控制循环条件，防止死循环或不循环。

2．实验内容

（1）将图片框相对于窗体居中显示，图片框中的文字居中显示。
① 程序代码如下：

```
Private Sub Form_Click()
Dim str1 As String
    str1 = "图片框相对窗体、文字相对图片框居中显示"
    Picture1.FontName = "宋体"
    Picture1.FontSize = 16
    Picture1.Left = (ScaleWidth - Picture1.Width) / 2
    Picture1.Top = (ScaleHeight - Picture1.Height)/2
    Picture1.CurrentX = Picture1.ScaleLeft + Picture1.Width/2 - Picture1.TextWidth(str1)/2
    Picture1.CurrentY = Picture1.ScaleTop + Picture1.Height/2 - Picture1.TextHeight(str1)/2
    Picture1.Print str1
End Sub
```

② 程序运行结果如图 15-45 所示。

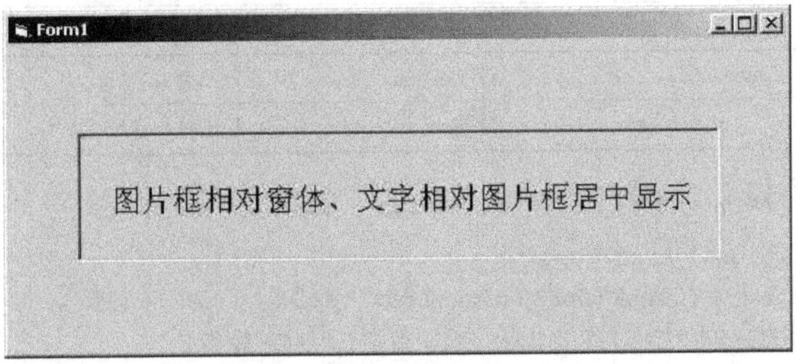

图 15-45　程序运行结果

（2）设计一个计算收款程序。

① 界面设计：新建一工程，在窗体内设置三个命令按钮控件 Command1，Command2 和 Command3，三个文本框控件 Text1，Text2 和 Text3。三个标签框控件 Label1，Label2，Label3 具体位置如图 15-46 所示，具体属性设置如表 15-4 所示。

表 15-4　控件属性表

对象（名称）	属性	属性值
Form（Form1）	Caption	
Label（Label1）	Caption	商品价格

续表

对象（名称）	属性	属性值
	AutoSize	True
	Font	宋体，常规，三号
Label（Label2）	Caption	商品数量
	AutoSize	True
	Font	宋体，常规，三号
Label（Label3）	Caption	应付款
	AutoSize	True
	Font	宋体，常规，三号
Text（Text1）	Text	
	Font	宋体，常规，小四
Text（Text2）	Text	
	Font	宋体，常规，小四
Text（Text3）	Text	
	Font	宋体，常规，小四
Command（Command1）	Caption	计算
	Font	宋体，常规，三号
Command（Command2）	Caption	清除
	Font	宋体，常规，三号
Command（Command3）	Caption	结束
	Font	宋体，常规，三号

② 程序代码如下：

```
Private Sub Text1_LostFocus()
If Text1.Text <> "" And Not IsNumeric(Text1) Then
MsgBox "输入的单价出错，没有输或非数字！", 48, "警告！"
Text1.Text = ""
Text1.SetFocus
End If
End Sub
Private Sub Text2_LostFocus()
If Text2.Text <> "" And Not IsNumeric(Text2) Then
MsgBox "输入的单价出错，没有输或非数字！", 48, "警告！"
Text2.Text = ""
Text2.SetFocus
End If
End Sub
Private Sub Command1_Click()
If Text1.Text <> "" And Text2.Text <> "" Then
```

```
Text3.Text = Text1.Text * Text2.Text
Command2.Enabled = True
End If
End Sub
```

③ 运行结果如图 15-46 所示。

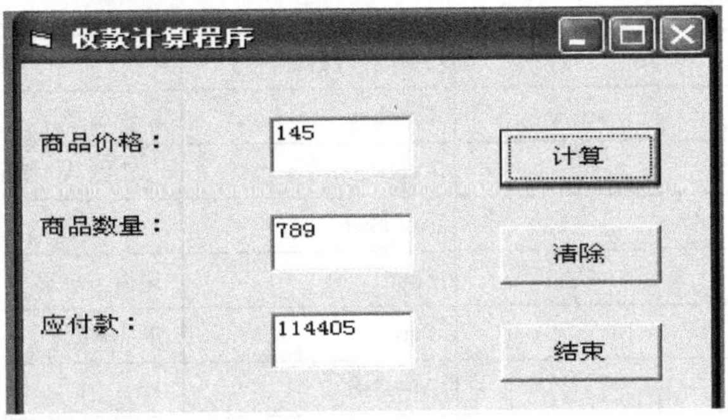

图 15-46　程序运行结果

（3）某人第一天卖出一半货物，以后每天卖出剩下的一半，直到第 7 天还剩下 100 件，问原来共有多少货物。

① 界面设计：新建一工程，在窗体建立一个命令按钮控件 Command1，命令按钮的 Caption 属性设置为“计算”。

② 程序代码如下：

```
Private Sub Command1_Click()
  Dim i As Integer, n As Integer
  n=100
    For i=1 to 6
n=2*n
    Next
  Print"原来有"; n; "货物"
 End Sub
```

③ 程序运行结果如图 15-47 所示。

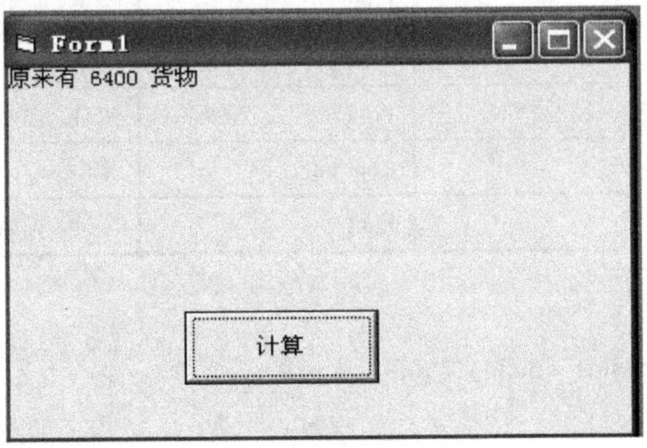

图 15-47　程序运行结果

（4）输入三个数，将它们从大到小排序。

① 界面设计：新建一工程，在窗体内设置一个命令按钮控件 Command1，四个文本框控件 Text1，Text2，Text3 和 Text4。五个标签框控件 Label1，Label2，Label3，Label4 和 Label5 具体位置如图 15-48 所示，具体属性设置如表 15-5 所示。

表 15-5 控件属性表

对象（名称）	属性	属性值
Form（Form1）	Caption	三个数排序
Label（Label1）	Caption	三个数从大到小排序
	AutoSize	True
	Font	宋体，常规，小二号
Label（Label2）	Caption	第一个数
	AutoSize	True
	Font	宋体，常规，三号
Label（Label3）	Caption	第二个数
	AutoSize	True
	Font	宋体，常规，三号
Label（Label4）	Caption	第三个数
	AutoSize	True
	Font	宋体，常规，三号
Label（Label5）	Caption	排序结果
	AutoSize	True
	Font	宋体，常规，三号
Text（Text1）	Text	
	Font	宋体，常规，小四
Text（Text2）	Text	
	Font	宋体，常规，小四
Text（Text3）	Text	
	Font	宋体，常规，小四
Text（Text4）	Text	
	Font	宋体，常规，小四
Command（Command1）	Caption	排序
	Font	宋体，常规，三号

② 程序代码如下：

```
Private Sub Command1_Click()
  a = Val(Text1.Text)
  b = Val(Text2.Text)
```

```
c = Val(Text3.Text)
If   a < b Then
  t = a: a = b: b = t
End If
If   a < c Then
  t = a: a = c: c = t
End If
  If   b < c Then
  t = b: b = c: c = t
End If
Text4.Text = a   &   ","   &   b   &   ","   &   c
End Sub
```

③ 程序运行结果如图 15-48 所示。

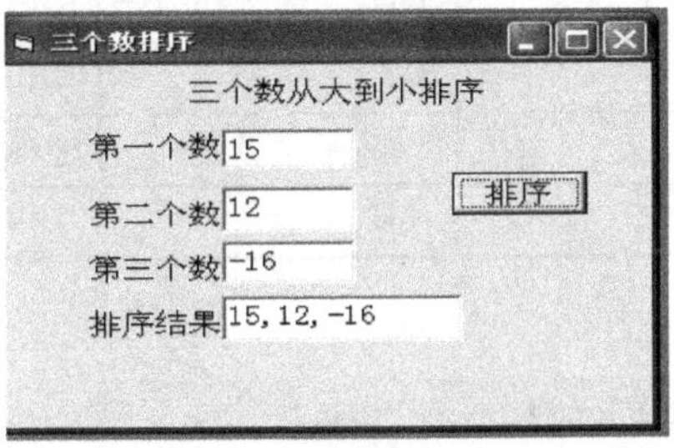

图 15-48　程序运行结果

（5）大学录取新生时，根据学生总分情况给予奖励，条件如下：

① 四门总分不低于 700 分，特等奖。

② 四门总分 680 分（含 680 分）～700 分（不含 700 分），优秀奖。

③ 前三门单科不低于 145 分，第四门不低于 280 分，特别奖。

④ 奖励按特等奖、优秀奖、特别奖由高到低，不重复计奖（包括单科）。

该题程序代码及运行结果如下：

① 界面设计：新建一工程，在窗体内设置一个命令按钮控件 Command1，四个文本框控件 Text1，Text2，Text3 和 Text4。五个标签框控件 Label1，Label2，Label3，具体位置如图 15-49 所示，具体属性设置如表所示。

表 15-6　控件属性表

对象（名称）	属性	属性值
Form（Form1）	Caption	获奖情况
Label（Label1）	Caption	请输入您的成绩
	AutoSize	True
	Font	宋体，常规，小二号
Label（Label2）	Caption	总分
	AutoSize	True
	Font	宋体，常规，三号

续表

对象（名称）	属性	属性值
Label（Label3）	Caption	
	AutoSize	True
	Font	宋体，常规，三号
Text（Text1）	Text	
	Font	宋体，常规，四号
Text（Text2）	Text	
	Font	宋体，常规，四号
Text（Text3）	Text	
	Font	宋体，常规，四号
Text（Text4）	Text	
	Font	宋体，常规，四号
Command（Command1）	Caption	查询
	Font	宋体，常规，小二号

② 程序代码如下：

```
Private Sub Command1_Click()
  Dim intmark0 As Integer, intmark1 As Integer
  Dim intmark2 As Integer, intmark3 As Integer, intmark4 As Integer
  intmark1 = CInt(Text1.Text)
  intmark2 = CInt(Text2.Text)
  intmark3 = CInt(Text3.Text)
  intmark4 = CInt(Text4.Text)
  intmark0 = intmark1 + intmark2 + intmark3 + intmark4
  Label3.Caption = intmark0
  If intmark0 >= 700 Then
        MsgBox "您获得了特等奖", vbOKOnly + vbInformation, "获奖通知"
  ElseIf intmark0 >= 680 Then
        MsgBox "您获得了优秀奖", vbOKOnly + vbInformation, "获奖通知"
  ElseIf intmark1 >= 145 Or intmark2 >= 145 Or intmark3 >= 145 Or intmark4 >= 280 Then
        MsgBox "您获得了特别奖", vbOKOnly + vbInformation, "获奖通知"
  Else
        MsgBox "很遗憾，您没有获奖", vbOKOnly + vbInformation, "获奖通知"
  End If
End Sub
```

③ 程序运行结果如图 15-49 所示。

（6）求 1～1000 之间所有能够被 13 整除的数。按每行各 10 个数排满足条件的数。

① 界面设计：新建一工程，在窗体内设置一个命令按钮控件 Command1，一个图片框控件 Picture1，具体位置如图 15-50 所示，具体属性设置如表 15-7 所示。

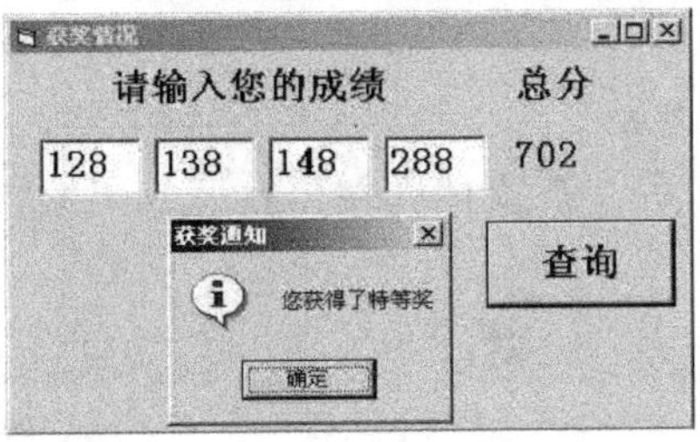

图 15-49　程序运行结果

表 15-7　控件属性表

对象（名称）	属性	属性值
Form（Form1）	Caption	
Command（Command1）	Caption	判断
	Font	宋体，常规，小三号
Picturebox（Picture1）		

② 程序代码如下：

```
Private Sub Command1_Click()
Dim i As Integer, j As Integer
j = 0
For i = 1 To 1000
  If i Mod 13 = 0 Then
    j = j + 1
    Picture1.Print i;
    If j Mod 10 = 0 Then Picture1.Print
  End If
Next i
Picture1.Print
Picture1.Print "一共有" & j & "个数可以被 13 整除"
End Sub
```

③ 程序运行结果如图 15-50 所示。

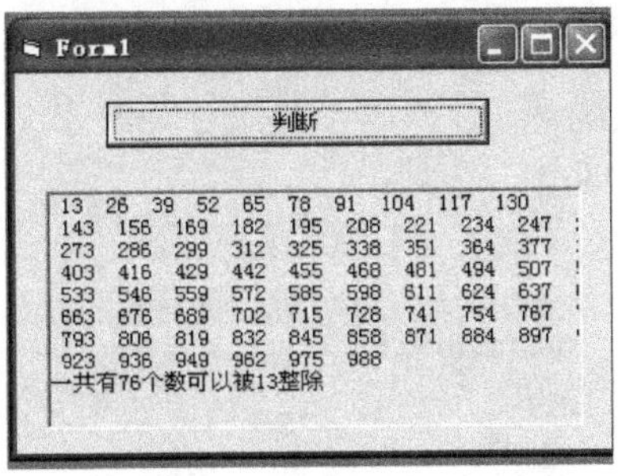

图 15-50　程序运行结果

（7）打印九九乘法表。

该题程序代码及运行结果如下。

① 界面设计：新建一工程，在窗体内双击打开代码编辑框。

② 程序代码如下：

```
Private Sub form_click()
    Autoredraw=true
  For b=1 to 9
For b=1 to 9
 Print a;"* "b; "=" a*b; " ";
 If b=a   then   print
Next b
  Next a
End Sub
```

③ 程序运行结果如图 15-51 所示。

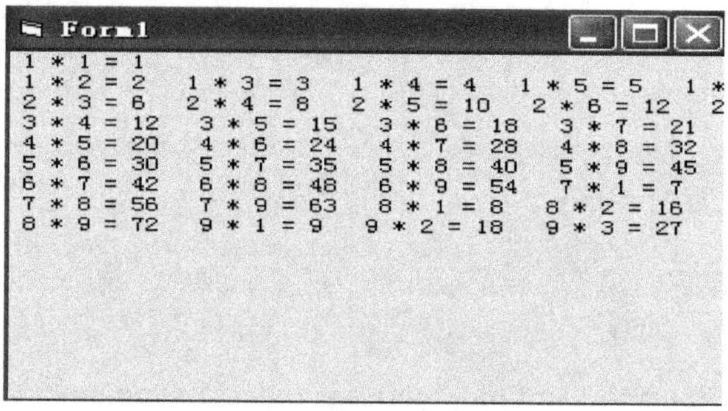

图 15-51　程序运行结果

（8）公鸡五元一只，母鸡三元一只，小鸡一元三只，用 100 元买 100 只鸡，问公鸡，母鸡，小鸡各几只？

① 界面设计：新建一工程，在窗体内双击打开代码编辑框。

② 程序代码如下：

```
Private Sub Form_Load()
    Show
Dim a as integer,b as integer,c as integer
Print "公鸡","母鸡","小鸡"
For a=1 to 100
  For b=1 to 100
   C=100-a-b
   If 5*a+3*b+c/3=100   then print a,b,c
  Next b
Next a
End Sub
```

③ 程序运行结果如图 15-52 所示：

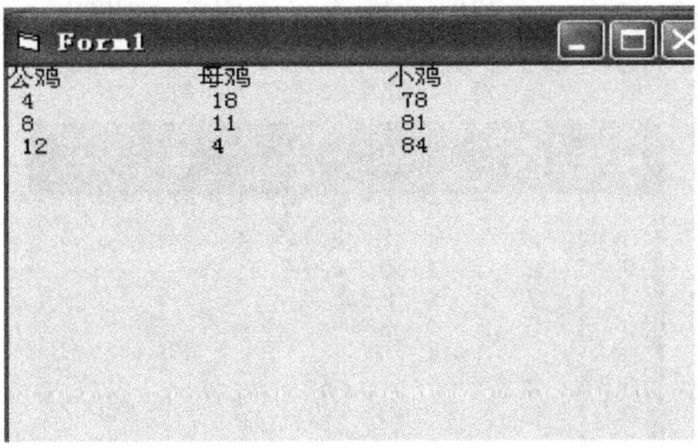

图 15-52　程序运行结果

3. 上机练习题

（1）编写一个程序，用户连续输入 N 个值，直到输入非数值数据为止。最后输出其中最大的一个数。

（2）利用 Do..Loop 循环样式，编写程序计算 1～100 的总和（用多种方法）。

（3）编写程序，在窗体上显示出 1～15 的奇数。

（4）输入 20 个数字，显示其中奇数的个数和偶数的个数。

（5）设计一个程序，输入任意的一个整数，输出其位数（采用 If..Else 和 Select 分别实现）。

（6）任意输入一个整数，判定该整数的奇偶性。运行界面如图 15-53 所示。

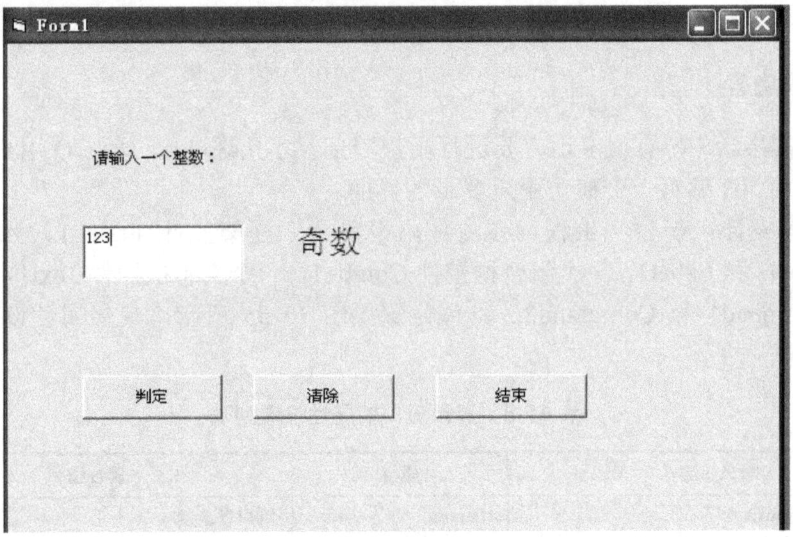

图 15-53　程序运行界面

（7）计算个人所得税。个人收入 Salary 低于 2000 元的，免税；当个人收入大于 2000 小于 3000 元，超过 2000 元的部分税率为 5%；3000 元到 5000 元的个人收入，超过 3000

元的部分的税率为 10%；5000 元到 10000 元的个人收入，超过 5000 元的部分的税率为 15%；超过 10000 元部分的税率为 20%。输入个人收入 Salary，输出个人所得税。

（8）输出如图 15-54 的倒数字三角形。

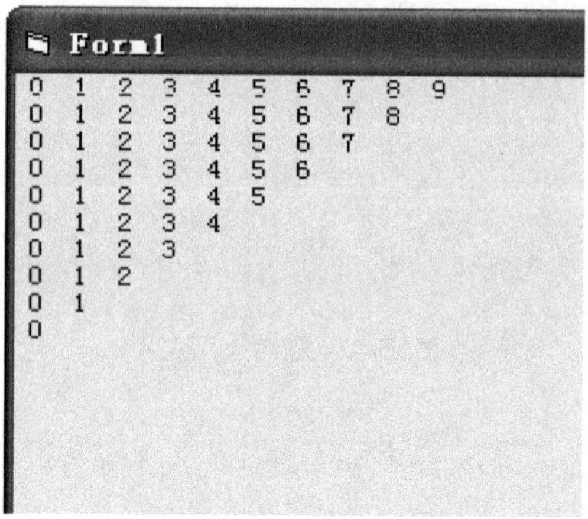

图 15-54　程序运行界面

Visual Basic

15.6　实验 6　常用内部控件

1．实验目的

熟练掌握常用控件的使用方法，其属性的设置，事件代码的编写的基本技巧。

2．实验内容

（1）现实生活中，有很多地方要进行用户验证，才允许进入，如 QQ 用户登录，银行取款等。利用 VB 编写一个模仿用户登录的界面。

① 界面设计：新建一工程，在窗体内设置一个框架控件 Frame1，三个标签控件 Label1，Label2 和 Label3，一个组合框控件 Combo1，一个文本框控件 Text1，两个命令按钮控件 Command1 和 Command2。具体位置如图 15-55 所示，具体属性设置如表 15-8 所示。

表 15-8　登录窗口的属性设置列表

对象（名称）	属性	属性值
Form（Form1）	Caption	用户登录窗口
Frame（Frame1）	Caption	用户验证
Label（Label1）	Caption	欢迎使用某某信息管理系统
	Font	隶书，常规，二号

续表

对象（名称）	属性	属性值
	ForeColor	vbRed
Label（Label2）	Caption	用户名：
	Font	宋体，常规，小三号
Label（Label3）	Caption	密码：
	Font	宋体，常规，小三号
Combo（Combo1）	List	张四海 李鹏程 钱有财
	Font	宋体，常规，小三号
Text（Text1）	Text	
	Font	宋体，常规，小三号
	PasswordChar	*
Command（Command1）	Caption	确定
	Font	宋体，常规，小三号
Command（Command2）	Caption	取消
	Font	宋体，常规，小三号

② 代码编写。

一般来说，登录窗口要和数据库相连，把用户名和密码等信息保存在数据库，然后用户输入的信息与数据库的相应信息进行比对，若正确则是合法的用户，允许进入下一个界面，否则重新输入。该知识点在第 11 章中有论述，读者在学习完第 11 章后可以把这部分代码编写好。此处略。

③ 程序运行结果如图 15-55 所示。

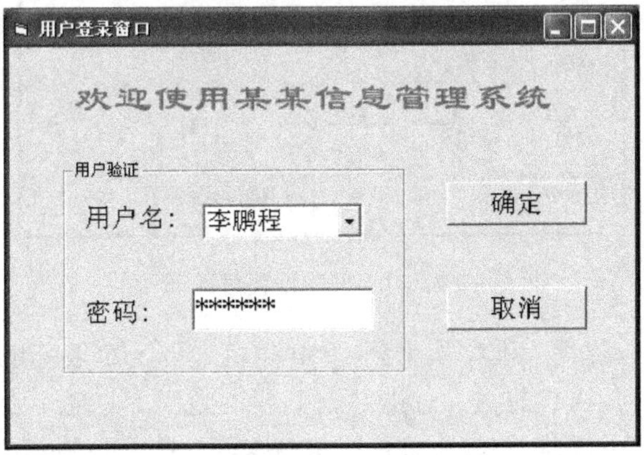

图 15-55　用户登录界面

（2）图 15-56 所示是 Visual Basic 中打印设置对话框，请使用 VB 设计一个界面相似的对话框。

① 界面设计：新建一工程，在窗体内设置的控件如图 15-56 所示。

② 代码编写。

该代码的编写也要与数据库相连，此处略。

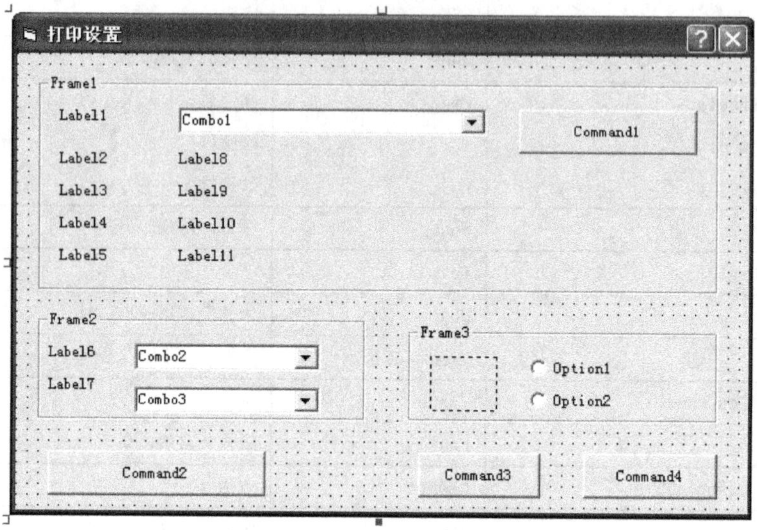

图 15-56　设置打印设置对话框的控件

③ 程序运行结果如图 15-57 所示。

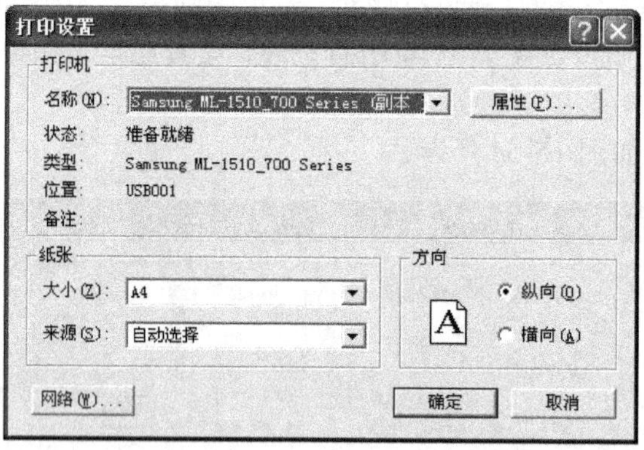

图 15-57　打印设置对话框

（3）编写“猜数”游戏，程序从 1 到 1000 随机选择一个要猜的数。然后程序在标签内显示：我有一个 1 到 1000 的数，你能够猜到我的数吗？请输入你猜的数。

一个文本框用来输入猜测的数。随着每次输入，背景色必须变成红色或蓝色。红色代表玩家变得“头脑发热”，蓝色表示玩家“保守”。第二个不可编辑的文本框显示“太大”或“太小”，以帮助玩家逐渐靠近正确的答案。当玩家猜对时，显示“正确”，并且输入文本框失效。提供一个按钮让玩家开始新的游戏。

① 界面设计：新建一工程，在窗体内设置三个标签控件 Label1，Label2 和 Label3，两个文本框控件 Text1 和 Text2，一个命令按钮 Command1，具体位置如图 15-58 所示，具体属性设置如表 15-9 所示。

表 15-9　猜数游戏的属性设置列表

对象（名称）	属性	属性值
Form（Form1）	Caption	猜数游戏
Label（Label1）	Caption	我有一个 1 到 1000 的数，你能够猜到我的数吗？请输入你猜的数。
	AutoSize	True
	Font	宋体，常规，小四
Label（Label2）	Caption	输入你所猜的数:
	AutoSize	True
	Font	宋体，常规，小四
Label（Label3）	Caption	状　　　　态:
	AutoSize	True
	Font	宋体，常规，小四
Text（Text1）	Text	
	Font	宋体，常规，小四
Text（Text2）	Text	
	Font	宋体，常规，小四
	alignment	2-Center
Command（Command1）	Caption	开始新游戏

② 代码编写：

```
' 定义全局变量 sjs
Public sjs as integer

' 单击命令按钮事件代码如下
Private Sub Command1_Click()
    Randomize
    sjs = Int(Rnd * 1000) + 1
    Text1.Enabled = True
    Text1.Text = ""
    Text1.SetFocus
End Sub

' 文本框 Text1 改变事件代码如下
Private Sub Text1_Change()
   If sjs = Val(Text1.Text) Then
       Text2.Text = "正确"
```

```
            Text1.Enabled = False
            Text1.BackColor = vbWhite
        ElseIf sjs > Val(Text1.Text) Then
            Text1.BackColor = vbBlue
            Text2.Text = "太小"
        Else
            Text1.BackColor = vbRed
            Text2.Text = "太大"
    End If
    End Sub
```

③ 程序运行结果如图 15-58 所示。

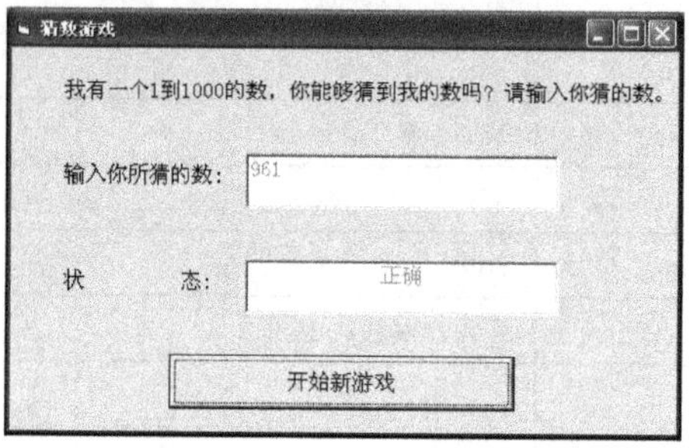

图 15-58　猜数游戏界面

3. 上机练习题

（1）设计运行界面如图 15-59 所示的程序，要求：

① 窗体的标题显示的时间和系统时间一致。

②“欢迎光临”四个字上下来回移动。

③“欢迎光临”四个字的颜色会随机变化。

图 15-59　程序运行界面

（2）设计运行界面如图 15-60 所示的程序，要求颜色效果框中设计两个单选按钮和一个文本框，当选中的是“前景色”按钮时，移动滚动条，改变的是文本框中字的颜色，当选中的是“背景色”按钮时，移动滚动条，改变的是文本框背景颜色。

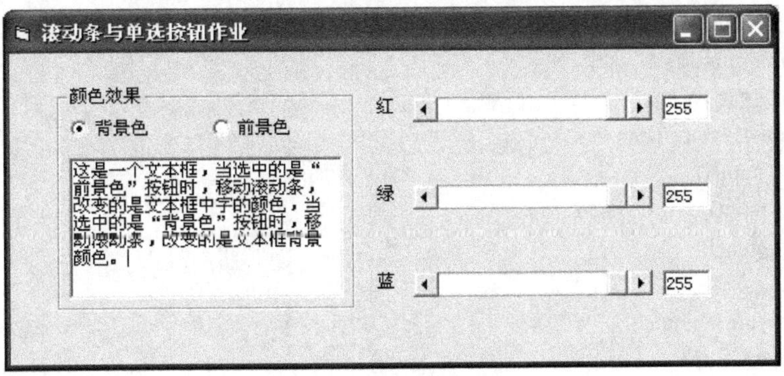

图 15-60 程序运行界面

Visual Basic

15.7 实验 7 数组

1．实验目的

（1）熟练掌握静态数组的定义、赋值及元素的引用方法。

（2）掌握动态数组的使用规则。

（3）掌握数组的一般应用技巧。

2．实验内容

（1）随机产生十个 100～200 之间的正整数，把它们存放到数组中，求该数组中最大数、最小数及它们的平均数。

① 界面设计：新建一工程，在窗体建立一个命令按钮控件 Command1，命令按钮 Command1 的 Caption 属性设置为“输出”。

② 程序代码如下：

```
Option Explicit
Option Base 1
Dim num(10) As Integer
Private Sub Command1_Click()
  Dim i As Integer,max As Integer, min As Integer
  Dim sum As Integer,avg As Integer
  Print
  Print "100～200 之间十个随机整数为：": Print
  For i = 1 To 10
```

```
Print num(i); Spc(2);
    Next
    Print: Print: Print
    max = num(1)
    min = num(1)
    sum = num(1)
    For i = 2 To 10
If num(i) > max Then
max = num(i)
ElseIf num(i) < min Then
min = num(i)
End If
sum = sum + num(i)
    Next
    avg = sum / 10
    Print "max="& max; Spc(3); "min=" & min; Spc(3); "avg="& avg
End Sub

Private Sub Form_Load()
    Dim i As Integer
    Randomize
    For i = 1 To 10
num(i) = Int(Rnd * 101 + 100)
    Next
End Sub
```

③ 程序运行结果如图 15-61 所示。

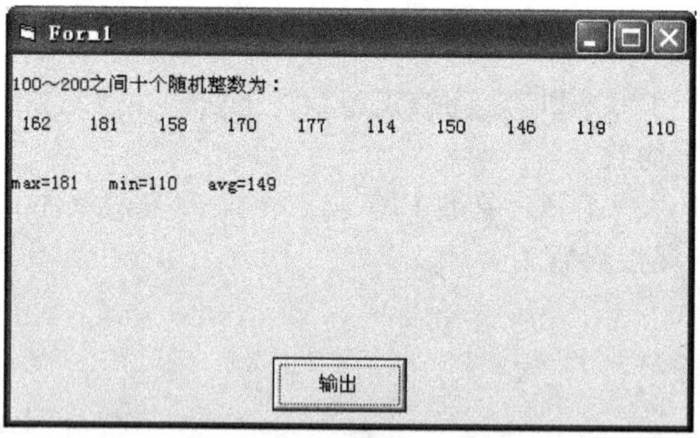

图 15-61　程序运行结果

（2）产生十个 1～100 之间的随机整数存放到数组中，排序后使其成为有序数，编程实现删除其中的某个数后该数组仍然有序。

① 界面设计：新建一工程，在窗体建立二个命令按钮控件 Command1 和 Command2，命令按钮 Command1 的 Caption 属性设置为“随机数排序”，命令按钮 Command12 的 Caption 属性设置为“删除后结果”。

② 程序代码如下：

```
Option Explicit
Option Base 1
Dim a(10) As Integer
'将随机整数排序
Private Sub Command1_Click()
  Dim i As Integer, j As Integer
  Dim t As Integer, min As Integer
  For i = 1 To 9
    min = i
    For j = i + 1 To 10
      If a(j) < a(min) Then min = j
    Next j
    t = a(i): a(i) = a(min): a(min) = t
  Next i
  Print "排序结果为："
  For i = 1 To 10
    Print a(i);
  Next i
  Print
End Sub
'输出要删除的整数并输出删除后的结果
Private Sub Command2_Click()
  Dim n As Integer
  Dim i As Integer, j As Integer
  n = Val(InputBox("从排序结果中输入删除的数："))
  For i = 1 To 10
    If n = a(i) Then Exit For
  Next i
  For j = i To 9
    a(j) = a(j + 1)
  Next j
  Print "删除结果为："
  For i = 1 To 9
    Print a(i);
  Next i
End Sub
'产生 1～100 之间的随机整数
Private Sub Form_Load()
  Dim i As Integer
  Randomize
  For i = 1 To 10
    a(i) = Int(Rnd * 100 + 1)
```

```
    Next i
End Sub
```

③ 程序运行结果如图 15-62 所示。

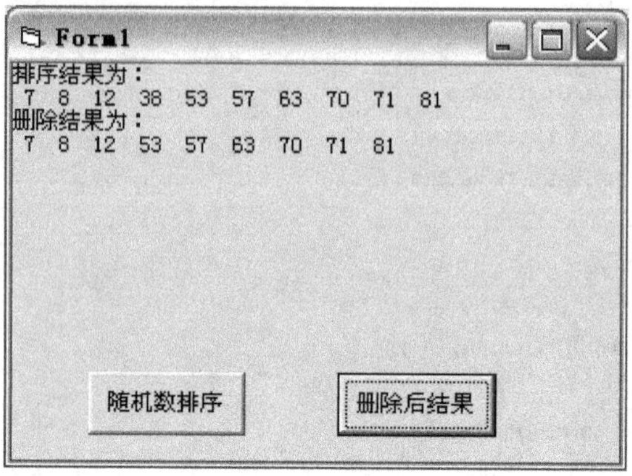

图 15-62　程序运行结果

（3）将九九乘法表打印成下三角矩阵。

① 界面设计：新建一工程，在窗体建立一个命令按钮控件 Command1，命令按钮 Command1 的 Caption 属性设置为“输出”。

② 程序代码如下：

```
Option Explicit
Option Base 1
Dim a(1 To 9) As Integer
Private Sub Command1_Click()
  Dim i As Integer, j As Integer
  Print Tab(4); "*";
  For i = 1 To 9
     Print Tab(4 * (i + 1)); a(i);
  Next
  Print
  For i = 1 To 9
    Print Tab(3); a(i);
    For j = 1 To i
      Print Tab(4 * (j + 1)); a(i) * a(j);
    Next
    Print
  Next
End Sub
Private Sub Form_Load()
  Dim i As Integer
  For i = 1 To 9
     a(i) = i
```

```
    Next
End Sub
```

③程序运行结果如图 15-63 所示。

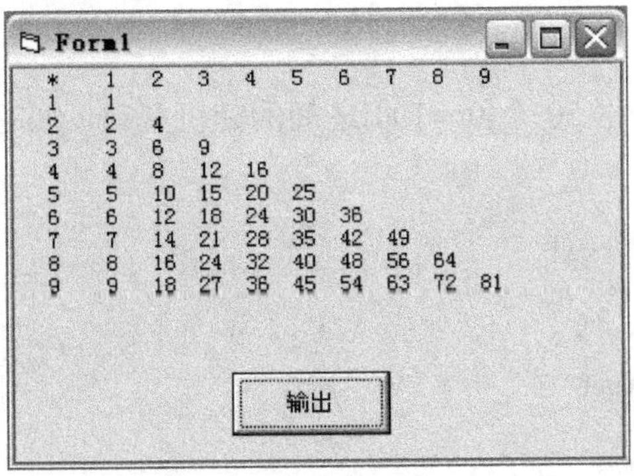

图 15-63　程序运行结果

3. 上机练习题

（1）编程求非波那契序列的前 n 项的和。

（2）利用随机函数产生 35 个学生某门课程的成绩（0～100），统计各分数段（90～100，80～89，70～79，60～69，0～59）之间的人数及全班的平均成绩。

（3）编程输出结果如图 15-64 所示。

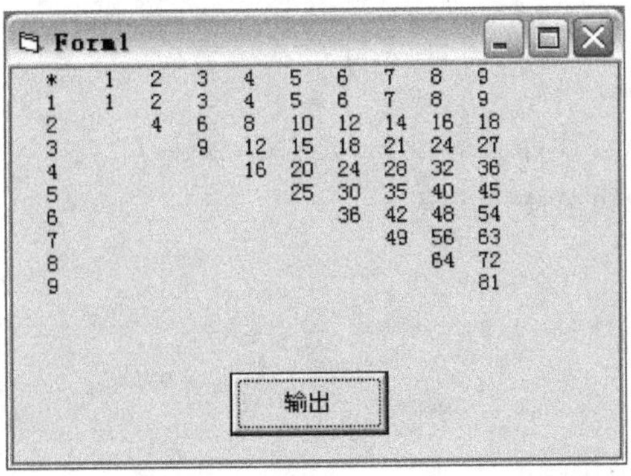

图 15-64　程序运行界面

Visual Basic

15.8　实验 8　过程

1. 实验目的

（1）掌握 Function 过程的定义和调用方法。

（2）掌握 Sub 过程的定义和调用方法。

（3）理解形参与实参的对应关系，熟练掌握值传递和地址传递的传递方式。

（4）掌握 Function 过程和 Sub 过程的一般应用。

（5）理解递归的概念并能利用递归方法编写一些程序。

2．实验内容

（1）利用随机函数产生 50 个[0～100]之间的随机整数，编写一函数求其中的最大数。

① 程序代码如下：

```
Private Sub Form_Click()
   Dim i As Integer
   Dim n As Integer
   Dim a(49) As Integer
   Randomize
   For i = 0 To 49
      a(i) = Int(Rnd * 100) '产生 0～100 之间的随机整数
   Next i
   Print "产生的随机整数为："
   For i = 0 To 49
      Print Tab(n * 5); a(i);        '控制输出格式
      n = n + 1
      If n Mod 10 = 0 Then n = 0: Print        '每行 10 个数
   Next i
   Print
   Print "数组中最大数为：" & Fmax(a)
End Sub
Private Function Fmax(ByRef c() As Integer) As Integer
   Dim i As Integer, max As Integer
   max = c(0)
   For i = 0 To 49
      If c(i) > max Then
         max = c(i)
      End If
      Fmax = max
   Next
End Function
```

② 程序运行结果如图 15-65 所示。

（2）设计一 Sub 过程用来将十六进制整数转换成十进制整数。

① 界面设计：新建一工程，在窗体内设置二个标签控件 Label1 和 Label3，一个文本框控件 Text1，一个命令按钮 Command1，具体位置如图 15-66 所示，具体属性设置如表 15-10 所示。

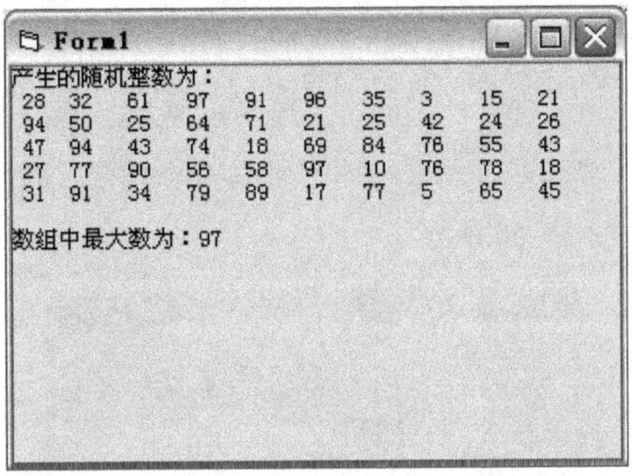

图 15-65　程序运行结果

表 15-10　属性设置列表

对象（名称）	属性	属性值
Label (Label1)	Caption	输入一个十六进制数：
	AutoSize	True
Label (Label2)	Caption	对应的十进制数为：
	AutoSize	True
Text (Text1)	Text	空
Command (Command1)	Caption	转换

② 程序代码如下：

```
Private Sub Command1_Click()
  Dim x As String     '存放十六进制数
  Dim y As Long       '存入十进制数
  x = Text1
  Call Change(x, y)   '调用过程
  Label2 = Label2 & y
End Sub
Private Sub Change(ByVal x As String, ByRef y As Long)
  Dim length As Integer, i As Integer
  i = 1
  length = Len(x)
  Do While i <= length
    Select Case Mid(x, i, 1)
      Case "A" To "Z"
         y = y * 16 + (Asc(Mid(x, i, 1)) - 65 + 10)
      Case "a" To "z"
         y = y * 16 + (Asc(Mid(x, i, 1)) - 97 + 10)
      Case "0" To "9"
         y = y * 16 + Asc(Mid(x, i, 1)) - 48
```

```
        End Select
        i = i + 1
    Loop
End Sub
```

③ 程序运行结果如图 15-66 所示。

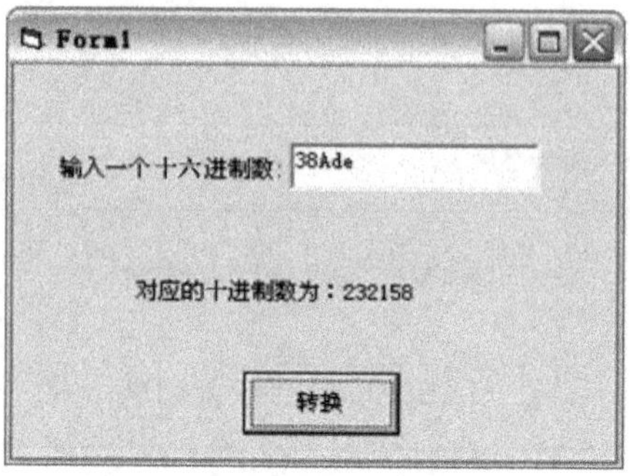

图 15-66　程序运行结果

（3）用递归方法求 n 阶勒让德多项式的值，递归公式为

$$P\begin{cases}1 & n=0\\ x & n=1\\ ((2n-1)*x*Pn-1(x)-(n-1)*Pn-2(x))/n & n>1\end{cases}$$

该题程序代码及运行结果如下：

① 界面设计：新建一工程，在窗体内设置三个标签控件 Label1，Label2 和 LabResult，两个文本框控件 Text1 和 Text2，三个命令按钮 CmdCalc、CmdCls 和 CmdExit，具体位置如图 15-67 所示，具体属性设置如表 15-11 所示。

表 15-11　属性设置列表

对象（名称）	属性	属性值
Label（Label1）	Caption	输入 x 的值：
	AutoSize	True
Label（Label2）	Caption	输入 n 的值：
	AutoSize	True
Label（LabResult）	Caption	勒让德多项式的值为:
	AutoSize	True
Text（Text1）	Text	空
Text（Text2）	Text	空
Command（CmdCalc）	Caption	计算
Command（CmdCls）	Caption	清除
Command（CmdExit）	Caption	退出

② 程序代码如下：

```
Private Sub CmdCalc_Click()
  Dim x As Single, n As Integer
  Dim lpn As Single        '用于存入勒让德多项式的值
  x = Val(Text1)
  n = Val(Text2)
  lpn = Pn(x, n)
  LabResult = LabResult + CStr(lpn)
End Sub
Private Function Pn(ByVal x As Single, ByVal n As Integer) As Single '求勒让德多项式的值函数
  If n = 0 Then
     Pn = 1
  Else
     If n = 1 Then
        Pn = x
     Else
        Pn = ((2 * n - 1) * x * Pn(x, n - 1) - (n - 1) * Pn(x, n - 2)) / n
     End If
  End If
End Function

Private Sub CmdCls_Click()
  Text1 = ""
  Text2= ""
  Text1.SetFocus
End Sub

Private Sub CmdExit_Click()
 End
End Sub
```

③ 程序运行结果如图 15-67 所示。

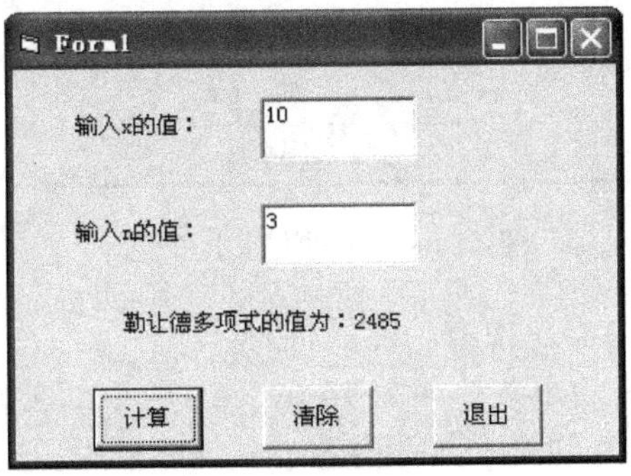

图 15-67　程序运行结果

3. 上机练习题

（1）编写一 Sub 过程用来判断一个正整数是否为回文数（回文数如：1234321，56165）。

（2）编写一过程和函数求一维数组中的最大数和最小数。

15.9 实验 9 界面设计

1. 实验目的

（1）掌握使用菜单编辑器设计下拉式菜单和弹出式菜单的方法。

（2）掌握使用 CommonDialog 控件创建通用对话框的方法。

（3）掌握使用 Toolbar、ImageList 控件设计工具栏的方法。

（4）掌握使用 StatusBar 控件设计状态栏的方法。

（5）掌握过程代码的编写。

2. 实验内容

新建一个工程，设计窗体及其菜单如图 15-68 所示。窗体上同时包含一个文本框控件 Text1、一个通用对话框控件 CommonDialog1、一个工具栏控件 Toolbar1、一个图像列表控件 ImageList1 和一个状态栏控件 StatusBar1。

图 15-68 界面设计上机练习

按以下要求设计并编写实现相应功能的代码。

（1）设计“文件”菜单的子菜单如图 15-69（a）所示，选择“打开”命令，弹出“打开文本文件”对话框，将打开的文本文件内容放入文本框中；选择“保存”命令，弹出“保存文本文件”对话框，将文本框中的文本保存到指定的文本文件中；选择“打印”命令，弹出“打印”对话框，将文本框中的文本打印输出；选择“退出”命令结束程序运行。

（2）设计“编辑”菜单的子菜单如图 15-69（b）所示，选择“剪切”命令，将文本框中选定的文本放入到剪贴板中，并将文本框中选定的文本清除；选择“复制”命令，将文本框中选定的文本放入到剪贴板中；选择“粘贴”命令，将剪贴板中的文本粘贴到文本框中；选择“删除”命令，将文本框中选定的文本清除；选择“全选”命令，将选定文本框中的所有文本。

（3）设计“格式”菜单的子菜单如图 15-69（c）所示，选择“字体”命令弹出“字体”对话框，设置文本框中文本的字体；选择“背景”命令弹出“颜色”对话框，设置文本框的背景色。

（4）设计弹出式菜单如图 15-69（d）所示，设计文本框中文本的对齐方式。

（5）添加如图 15-68 所示图像样式工具栏，运行时，当鼠标指向各按钮时有相应的功能提示；当鼠标单击各按钮时可以实现相应的功能，设置文本框中文本的样式。

（6）添加如图 15-68 所示的具有四个窗格的状态栏，第一个窗格显示系统的时间；第二个窗格显示当前键盘 Insert 键的状态；第三个窗格显示当前键盘 Caps Lock 键的状态；第四个窗格显示当前键盘 Num Lock 键的状态。

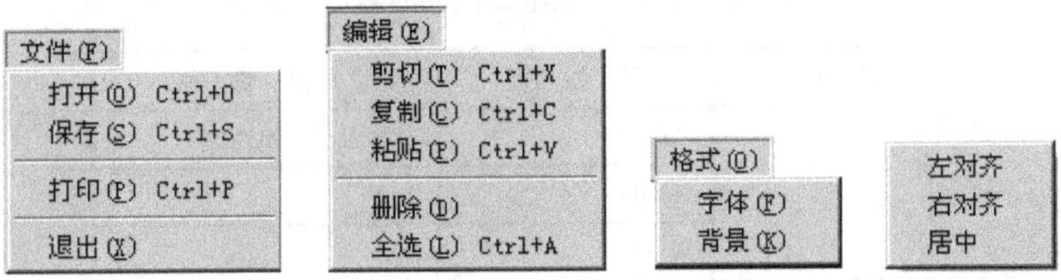

（a）　　（b）　　（c）　　（d）

图 15-69　各菜单项内容

【实验操作步骤】

（1）建立一个工程。

选择“文件”菜单中的“新建工程”命令，打开“新建工程”对话框，选择“标准 EXE”选项后单击“确定”按钮。

（2）将 CommonDialog 控件、Toolbar 控件、ImageList 控件和 StatusBar 控件添加到工具箱中。

- 选择“工程”菜单中的“部件”命令，弹出“部件”对话框。
- 在“部件”对话框中，选择“控件”标签。
- 在“控件”列表框中选中“Microsoft Common Dialog Control 6.0”复选框。
- 在“控件”列表框中选中“Microsoft Windows Common Control 6.0”复选框。
- 单击“确定”按钮。

（3）在窗体上添加一个文本框控件 Text1 和一个通用对话框控件 CommonDialog1。

- 单击工具箱上的 TextBox 控件按钮 ab|，在窗体上适当位置拖动鼠标添加一个文本框控件 Text1。
- 单击工具箱上的 CommonDialog 控件按钮，在窗体上拖动鼠标添加一个通用对话框控件 CommonDialog1，窗体如图 15-70 所示。

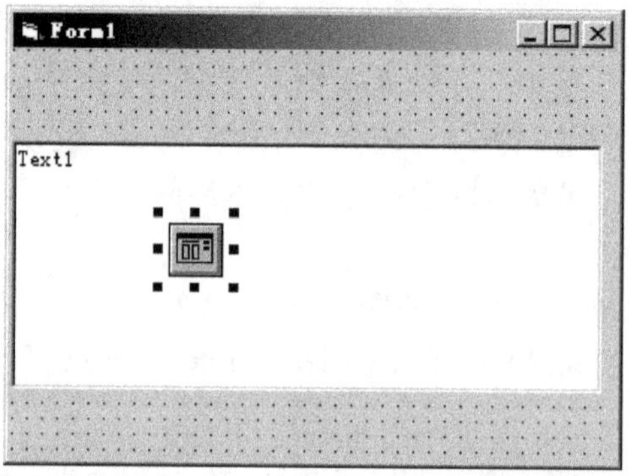

图 15-70　添加了文本框控件和通用对话框控件的窗体

（4）设置窗体及文本框控件对象属性。

在“属性”窗口，设置窗体及文本框控件对象属性，具体设置值如表 15-12 所示，窗体如图 15-71 所示。

表 15-12　窗体及文本框控件的属性设置值

控　件	属 性 项	属 性 值
Form1	Caption	界面设计上机练习
	Height	3900
	Width	3900
Text1	Text	空
	Left	0
	Top	600
	Height	2340
	Width	3735
	MultiLine	True
	ScrollBar	3

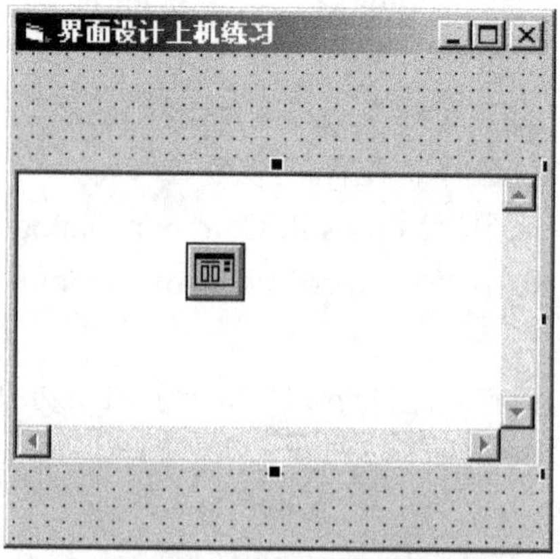

图 15-71　设置属性后的窗体

（5）设计“文件”菜单及其子菜单，编写过程代码。

- 单击工具栏上的“菜单编辑器”按钮，打开菜单编辑器窗口。
- 在“标题”文本框中输入“文件（&F）”，在“名称”文本框中输入 Mfile。
- 单击“下一个”按钮，在“标题”文本框中输入“打开（&O）”，在“名称”文本框中输入 File1，在“索引”文本框中输入 1，在“快捷键”下拉列表框中选择“Ctrl+O”，单击按钮。
- 单击“下一个”按钮，在“标题”文本框中输入“保存（&S）”，在“名称”文本框中输入 File2，在“索引”文本框中输入 2，在“快捷键”下拉列表框中选择“Ctrl+S”。
- 单击“下一个”按钮，在“标题”文本框中输入“-”，在“名称”文本框中输入 File3。
- 单击“下一个”按钮，在“标题”文本框中输入“打印（&P）”，在“名称”文本框中输入 File4，在“索引”文本框中输入 3，在“快捷键”下拉列表框中选择“Ctrl+P”。
- 单击“下一个”按钮，在“标题”文本框中输入“-”，在“名称”文本框中输入 File5。
- 单击“下一个”按钮，在“标题”文本框中输入“退出（&X）”，在“名称”文本框中输入 File6，在“索引”文本框中输入 4，如图 15-72 所示。
- 单击“确定”按钮。

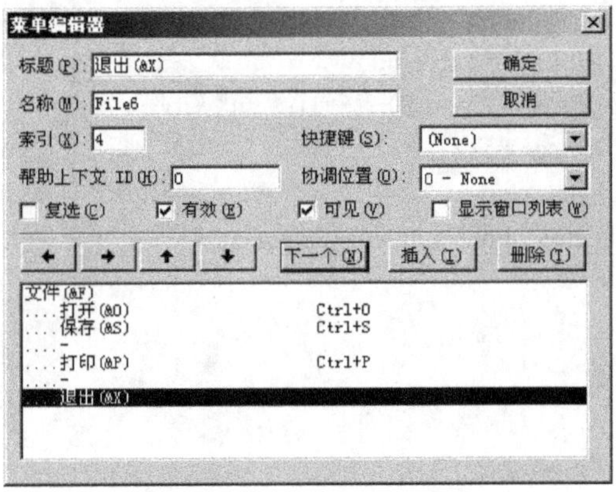

图 15-72　设计“文件”菜单的菜单编辑器

- 选择“视图”菜单中的“代码窗口”命令，打开代码窗口。
- 在代码窗口的“对象”下拉列表框中选择“File1”，编写“打开”子菜单的 Click 事件代码如下：

```
Private Sub File1_Click(Index As Integer)
    CommonDialog1.CancelError = True                 ' 设置"CancelError"为 True
    On Error GoTo Errhandler                         ' 出错时转向 ErrHandler 处执行
    CommonDialog1.DialogTitle = "打开文本文件"        ' 设置对话框标题
    CommonDialog1.FileName = ""                      ' 设置初始文件名为空
```

```
    CommonDialog1.InitDir = "c:\windows"                       ' 设置默认目录
    CommonDialog1.Filter = "Text files(*.txt)|*.txt"           ' 设置文件过滤器
    CommonDialog1.ShowOpen                                     ' 显示打开文件对话框
    If CommonDialog1.FileName > "" Then                        ' 如果文件被选中
      Text1.Text = ""                                          ' 清空文本框内容
      Open CommonDialog1.FileName For Input As #1              ' 打开顺序文件
      Do While Not EOF(1)                                      ' 依次读出文件内容输入到文本框
        Line Input #1, S
        Text1.Text = Text1.Text + S + vbCrLf
      Loop
      Close #1
    End If
  Errhandler:                                                  ' 用户按了"取消"按钮
      Exit Sub
  End Sub
```

- 在代码窗口的“对象”下拉列表框中选择“File2”，编写“保存”子菜单的 Click 事件代码如下：

```
  Private Sub File2_Click(Index As Integer)
    CommonDialog1.CancelError = True
    On Error GoTo Errhandler
    CommonDialog1.DialogTitle = "保存文本文件"
    CommonDialog1.FileName = ""
    CommonDialog1.InitDir = "c:\windows"
    CommonDialog1.Filter = "Text files(*.txt)|*.txt"
    CommonDialog1.Flags =512                                   ' 设置保存对话框样式
    CommonDialog1.ShowSave                                     ' 显示保存对话框
    Open CommonDialog1.FileName For Output As #1               ' 将文本框内容保存到文件中
    Print #1, Text1.Text
    Close #1
  Errhandler:
    Exit Sub
  End Sub
```

- 在代码窗口的“对象”下拉列表框中选择“File4”，编写“打印”子菜单的 Click 事件代码如下：

```
  Private Sub File4_Click(Index As Integer)
    CommonDialog1.CancelError = True
    On Error GoTo Errhandler
    CommonDialog1.Flags = 256                                  ' 设置打印对话框样式
    CommonDialog1.ShowPrinter                                  ' 显示打印对话框
    For i = 1 To CommonDialog1.Copies                          ' 打印文本框内容
      Printer.Print Text1.Text
    Next i
```

```
Errhandler:
    Exit Sub
End Sub
```

- 在代码窗口的“对象”下拉列表框中选择“File6”，编写“退出”子菜单的 Click 事件代码如下：

```
Private Sub File6_Click(Index As Integer)
End
End Sub
```

（6）设计“编辑”菜单及其子菜单，编写过程代码。

- 单击工具栏上的“菜单编辑器”按钮，打开菜单编辑器窗口。
- 单击菜单列表框中的最后一行菜单项。
- 单击“下一个”按钮，在“标题”文本框中输入“编辑（&E）”，在“名称”文本框中输入 Medit，单击按钮。
- 单击“下一个”按钮，在“标题”文本框中输入“剪切（&T）”，在“名称”文本框中输入 Edit1，在“索引”文本框中输入 1，在“快捷键”下拉列表框中选择“Ctrl+X”，单击按钮。
- 单击“下一个”按钮，在“标题”文本框中输入“复制（&C）”，在“名称”文本框中输入 Edit2，在“索引”文本框中输入 2，在“快捷键”下拉列表框中选择“Ctrl+C”。
- 单击“下一个”按钮，在“标题”文本框中输入“粘贴（&P）”，在“名称”文本框中输入 Edit3，在“索引”文本框中输入 3，在“快捷键”下拉列表框中选择“Ctrl+V”。
- 单击“下一个”按钮，在“标题”文本框中输入“-”，在“名称”文本框中输入 Edit4。
- 单击“下一个”按钮，在“标题”文本框中输入“删除（&D）”，在“名称”文本框中输入 Edit5，在“索引”文本框中输入 4。
- 单击“下一个”按钮，在“标题”文本框中输入“全选（&L）”，在“名称”文本框中输入 Edit6，在“索引”文本框中输入 5，在“快捷键”下拉列表框中选择“Ctrl+A”，如图 15-73 所示。

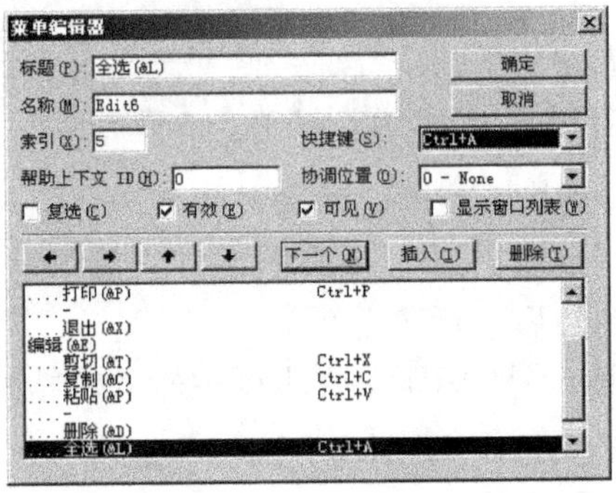

图 15-73　设计“编辑”菜单的菜单编辑器

- 单击“确定”按钮。
- 选择“视图”菜单中的“代码窗口”命令，打开代码窗口。
- 在代码窗口的“对象”下拉列表框中选择“Edit1”，编写“剪切”子菜单的 Click 事件代码如下：

```
Private Sub Edit1_Click(Index As Integer)
    Clipboard.Clear                                ' 剪贴板清空
    Clipboard.SetText Text1.SelText                ' 将文本框中选定的文本放入剪贴板中
    Text1.SelText = ""                             ' 将文本框中选定的文本清除
End Sub
```

- 在代码窗口的“对象”下拉列表框中选择“Edit2”，编写“复制”子菜单的 Click 事件代码如下：

```
Private Sub Edit2_Click(Index As Integer)
    Clipboard.Clear                                ' 剪贴板清空
    Clipboard.SetText Text1.SelText                ' 将文本框中选定的文本放入剪贴板中
End Sub
```

- 在代码窗口的“对象”下拉列表框中选择“Edit3”，编写“粘贴”子菜单的 Click 事件代码如下：

```
Private Sub Edit3_Click(Index As Integer)
    Text1.SelText = Clipboard.GetText              ' 将剪贴板中文本粘贴到文本框中
End Sub
```

- 在代码窗口的“对象”下拉列表框中选择“Edit5”，编写“删除”子菜单的 Click 事件代码如下：

```
Private Sub Edit5_Click(Index As Integer)
    Text1.SelText = ""                             ' 将文本框中选定的文本删除
End Sub
```

- 在代码窗口的“对象”下拉列表框中选择“Edit6”，编写“全选”子菜单的 Click 事件代码如下：

```
Private Sub Edit6_Click(Index As Integer)
    Text1.SelStart = 0                             ' 设置插入点位置为文本的最左边
    Text1.SelLength = Len(Text1.Text)              ' 设置文本框的选定长度
End Sub
```

（7）设计“格式”菜单及其子菜单，编写过程代码。

- 单击工具栏上的“菜单编辑器”按钮，打开菜单编辑器窗口。
- 单击菜单列表框中的最后一行菜单项。
- 单击“下一个”按钮，在“标题”文本框中输入“格式（&O）”，在“名称”文本框中输入 Mformat，单击←按钮。

- 单击“下一个”按钮，在“标题”文本框中输入“字体（&F）”，在“名称”文本框中输入 Format1，在“索引”文本框中输入 1，单击➜按钮。
- 单击“下一个”按钮，在“标题”文本框中输入“背景（&K）”，在“名称”文本框中输入 Format2，在“索引”文本框中输入 2，如图 15-74 所示。
- 单击“确定”按钮。

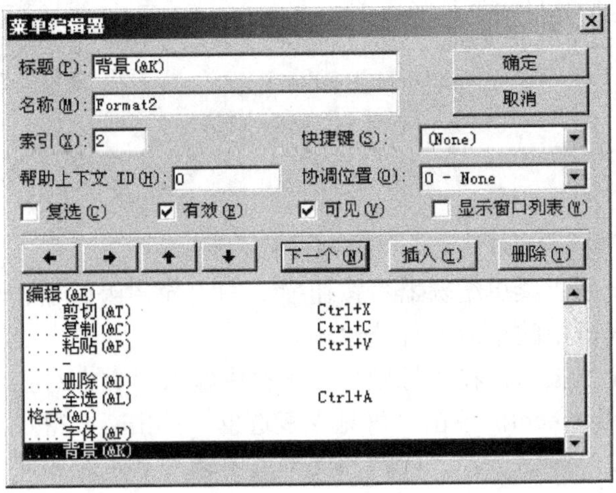

图 15-74　设计“格式”菜单的菜单编辑器

- 选择“视图”菜单中的“代码窗口”命令，打开代码窗口。
- 在代码窗口的“对象”下拉列表框中选择“Format1”，编写“字体”子菜单的 Click 事件代码如下：

```
Private Sub Format1_Click(Index As Integer)
  CommonDialog1.CancelError = True
  On Error GoTo Errhandler
  CommonDialog1.Flags = cdlCFBoth Or cdlCFEffects        ' 设置字体对话框样式
  CommonDialog1.ShowFont                                  ' 显示字体对话框
  CommonDialog1.FontName = "宋体"                          ' 设置文本初始字体
  With Text1                                              ' 设置文本框的字体样式
    .FontName = CommonDialog1.FontName
    .FontSize = CommonDialog1.FontSize
    .FontBold = CommonDialog1.FontBold
    .FontItalic = CommonDialog1.FontItalic
    .FontStrikethru = CommonDialog1.FontStrikethru
    .FontUnderline = CommonDialog1.FontUnderline
    .ForeColor = CommonDialog1.Color
  End With
Errhandler:
  Exit Sub
End Sub
```

● 在代码窗口的“对象”下拉列表框中选择“Format2”，编写“背景”子菜单的Click 事件代码如下：

```
Private Sub Format2_Click(Index As Integer)
    CommonDialog1.CancelError = True
    On Error GoTo Errhandler
    CommonDialog1.Flags = 2                          ' 设置颜色对话框样式
    CommonDialog1.ShowColor                          ' 显示颜色对话框
    Text1.BackColor = CommonDialog1.Color            ' 设置文本背景
Errhandler:
    Exit Sub
End Sub
```

（8）设计弹出式菜单及其子菜单，编写过程代码。

● 单击工具栏上的“菜单编辑器”按钮，打开菜单编辑器窗口。
● 单击菜单列表框中的最后一行菜单项。
● 单击“下一个”按钮，在“标题”文本框中输入“文本对齐”，在“名称”文本框中输入 Maligement，单击“可见”复选框，单击←按钮。
● 单击“下一个”按钮，在“标题”文本框中输入“左对齐”，在“名称”文本框中输入 Aligement1，在“索引”文本框中输入 1，单击→按钮。
● 单击“下一个”按钮，在“标题”文本框中输入“右对齐”，在“名称”文本框中输入 Aligement2，在“索引”文本框中输入 2。
● 单击“下一个”按钮，在“标题”文本框中输入“居中”，在“名称”文本框中输入 Aligement3，在“索引”文本框中输入 3，如图 15-75 所示。
● 单击“确定”按钮。

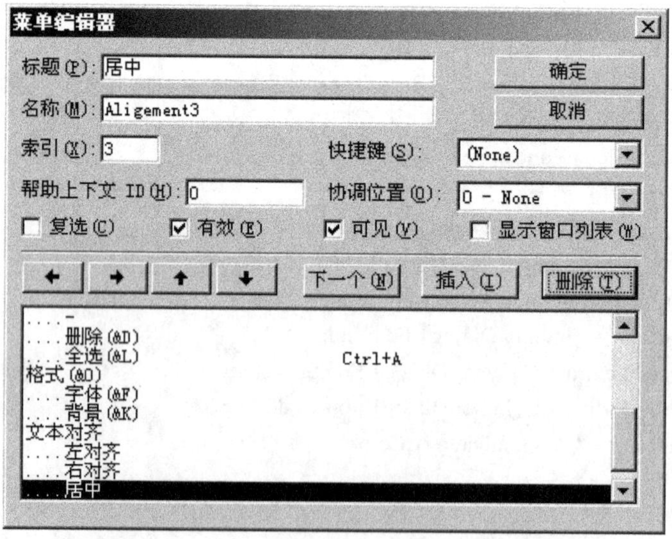

图 15-75　设计“弹出式”菜单的菜单编辑器

- 选择“视图”菜单中的“代码窗口”命令，打开代码窗口。
- 在代码窗口的“对象”下拉列表框中选择“Text1”，在“过程”下拉列表框中选择“MouseDown”，编写文本框的 MouseDown 过程代码如下：

```
Private Sub Text1_MouseDown(Button As Integer, Shift As Integer, X As Single, Y As Single)
  If Button = 2 Then                          ' 如果按下鼠标右按钮
    PopupMenu Maligement                      ' 弹出文本框的快捷菜单
  End If
End Sub
```

- 在代码窗口的“对象”下拉列表框中选择“Aligement1”，编写“左对齐”子菜单的 Click 事件代码如下：

```
Private Sub Aligement1_Click(Index As Integer)
  Text1.Alignment = 0                         ' 文本左对齐
End Sub
```

- 在代码窗口的“对象”下拉列表框中选择“Aligement2”，编写“右对齐”子菜单的 Click 事件代码如下：

```
Private Sub Aligement2_Click(Index As Integer)
  Text1.Alignment = 1                         ' 文本右对齐
End Sub
```

- 在代码窗口的“对象”下拉列表框中选择“Aligement3”，编写“居中”子菜单的 Click 事件代码如下：

```
Private Sub Aligement3_Click(Index As Integer)
  Text1.Alignment = 2                         ' 文本居中
End Sub
```

（9）设计工具栏。

- 单击工具箱上的 Toolbar 控件按钮，在窗体上拖动鼠标添加一个工具栏控件 Toolbar1。
- 单击工具箱上的 ImageList 控件按钮，在窗体上适当位置拖动鼠标添加一个图像列表控件 ImageList1，窗体如图 15-76 所示。

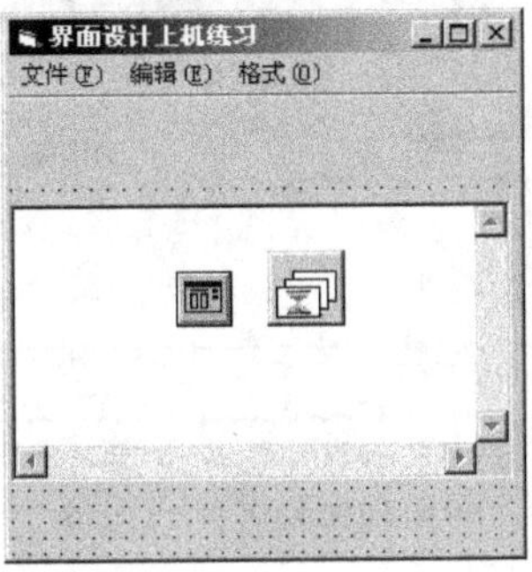

图 15-76　添加了工具栏控件和图像列表控件的窗体

- 用鼠标右击 ImageList1 控件，在弹出的快捷菜单中选择“属性”命令，打开“属性页”对话框。
- 在“属性页”对话框中，选择“图像”标签。
- 单击“插入图片”按钮，打开“选定图片”对话框，选择要插入的图片“OPEN.BMP”（提示：图片可以在 VB 安装文件夹 Microsoft Visual Studio\Common\ Graphics\Bitmaps\TlBr_W95 中找到）后，单击“打开”按钮返回“属性页”对话框，再在“关键字”框中输入“IOpen”。
- 按表 15-13 中的属性设置重复上述操作，依次为 ImageList1 控件添加所有图片，如图 15-77 所示。
- 单击“确定”按钮。

表 15-13　ImageList1 控件图像属性设置

索　引	关 键 字	图　像（.bmp）
1	IOpen	OPEN
2	ISave	SAVE
3	IPrint	PRINT
4	ICut	CUT
5	ICopy	COPY
6	IPaste	PASTE
7	IDelete	DELETE
8	IBold	BLD
9	IItalic	ITL
10	IUnderline	UNDRLN

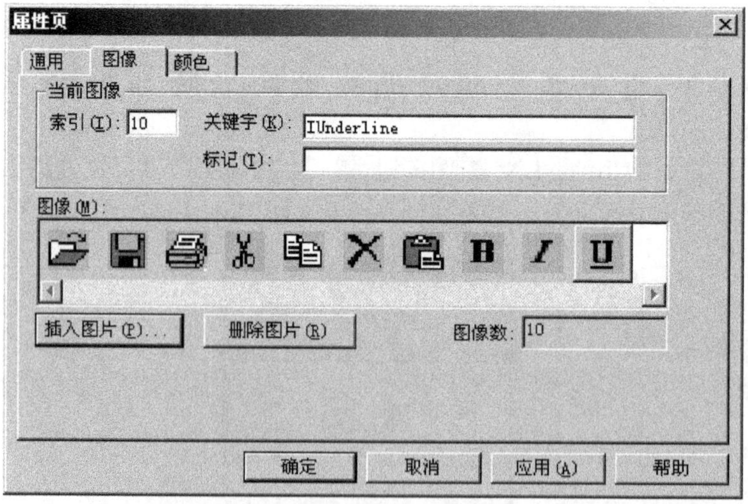

图 15-77　图像列表控件的“属性页”对话框

- 用鼠标右击 Toolbar1 控件，在弹出的快捷菜单中选择“属性”命令，打开“属性页”对话框。
- 在“属性页”对话框中，单击“通用”标签，选择“图像列表”下拉列表中的 ImageList1。
- 在“属性页”对话框中，单击“按钮”标签。
- 单击“插入按钮”按钮后，在“关键字”框中输入“TOpen”，选择“样式”为 0，在“工具提示文本”框中输入“打开”，在“图像”框中输入 1，如图 15-78 所示。
- 按表 15-14 中的属性设置重复上述操作，依次添加所有图片按钮到工具栏中。
- 单击“确定”按钮。

表 15-14　Toolbar1 控件属性设置

索　引	关 键 字	样　式	工具提示文本	图　像
1	TOpen	0	打开	1
2	TSave	0	保存	2
3	TPrint	0	打印	3
4	Sp1	3	说明：分隔	
5	TCut	0	剪切	4
6	TCopy	0	复制	5
7	TPaste	0	粘贴	6
8	TDelete	0	删除	7
9	Sp2	3	说明：分隔	
10	TBold	1	粗体	8
11	TItalic	1	倾斜	9
12	TUnderline	1	下划线	10

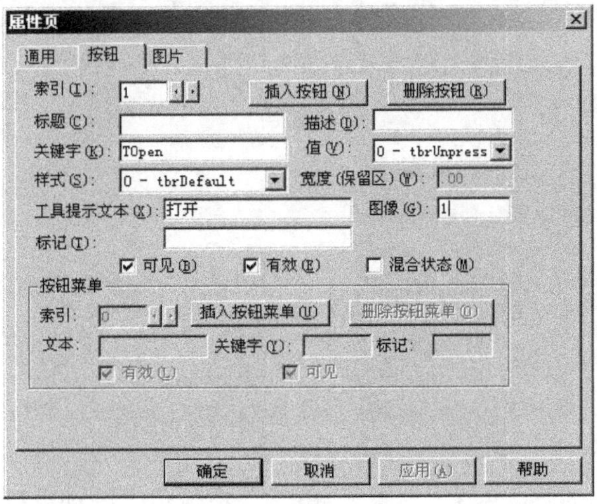

图 15-78　工具栏控件的“属性页”对话框

- 选择“视图”菜单中的“代码窗口”命令，打开代码窗口。
- 在代码窗口的“对象”下拉列表框中选择“Toolbar1”，编写工具栏的 ButtonClick 过程代码如下：

```
Private Sub Toolbar1_ButtonClick(ByVal Button As MSComctlLib.Button)
Select Case Button.Key
    Case "TOpen"
      File1_Click (1)                        ' 调用 File1_Click 过程显示打开对话框
    Case "TSave"
      File2_Click (2)                        ' 调用 File2_Click 过程显示保存对话框
    Case "TPrint"
      File4_Click (3)                        ' 调用 File3_Click 过程显示打印对话框
    Case "TCut"
      Edit1_Click (1)                        ' 调用 Edit1_Click 过程剪切文本
    Case "TCopy"
      Edit2_Click (2)                        ' 调用 Edit2_Click 过程复制文本
    Case "TPaste"
      Edit3_Click (3)                        ' 调用 Edit3_Click 过程粘贴文本
    Case "TDelete"
      Edit5_Click (4)                        ' 调用 Edit5_Click 过程删除文本
    Case "TBold"
      If Text1.FontBold = True Then
        Text1.FontBold = False
      Else
        Text1.FontBold = True
      End If
    Case "TItalic"
     If Text1.FontItalic = True Then
       Text1.FontItalic = False
     Else
       Text1.FontItalic = True
     End If
   Case "TUnderline"
      If Text1.FontUnderline = True Then
        Text1.FontUnderline = False
      Else
        Text1.FontUnderline = True
      End If
  End Select
End Sub
```

（10）设计状态栏。

- 单击工具箱上的 StatusBar 控件按钮，在窗体上拖动鼠标添加一个状态栏控件 StatusBar1，窗体如图 15-79 所示。

图 15-79　添加了状态栏控件的窗体

- 用鼠标右击 StatusBar1 控件，在弹出的快捷菜单中选择“属性”命令，打开 “属性页”对话框。
- 在“属性页”对话框中，选择“窗格”标签。
- 设置窗格的“样式”属性值为“5-sbrTime”，“对齐”属性值为“1-sbrCenter”，“最小宽度”属性值为“850”，“自动调整大小”属性值为“1-sbrSpring”。
- 单击“插入窗格”按钮，选定“索引”属性值为“2”，设置窗格的“样式”属性值为“3-sbrIns”，“对齐”属性值为“1-sbrCenter”，“最小宽度”属性值为“850”，“自动调整大小”属性值为“1-sbrSpring”。
- 单击“插入窗格”按钮，选定“索引”属性值为“3”，设置窗格的“样式”属性值为“1-sbrCaps”，“对齐”属性值为“1-sbrCenter”，“最小宽度”属性值为“850”，“自动调整大小”属性值为“1-sbrSpring”。
- 单击“插入窗格”按钮，选定“索引”属性值为“4”，设置窗格的“样式”属性值为“2-sbrNum”，“对齐”属性值为“1-sbrCenter”，“最小宽度”属性值为“850”，“自动调整大小”属性值为“1-sbrSpring”。
- 单击“确定”按钮。

（11）运行窗体。

单击工具栏上的启动按钮▶，运行窗体如图 15-80 所示。

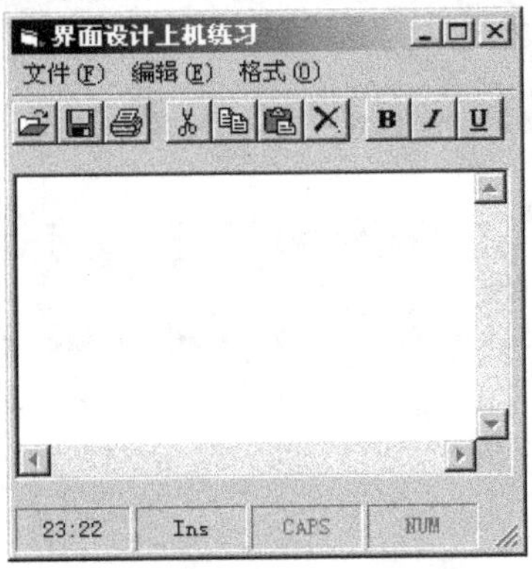

图 15-80　窗体运行结果

3. 上机练习题

创建一个工程，设计窗体及其菜单如图 15-81 所示。窗体上同时包含一个文本框控件 Text1、一个通用对话框控件 CommonDialog1、一个工具栏控件 Toolbar1 和一个图像列表控件 ImageList1。

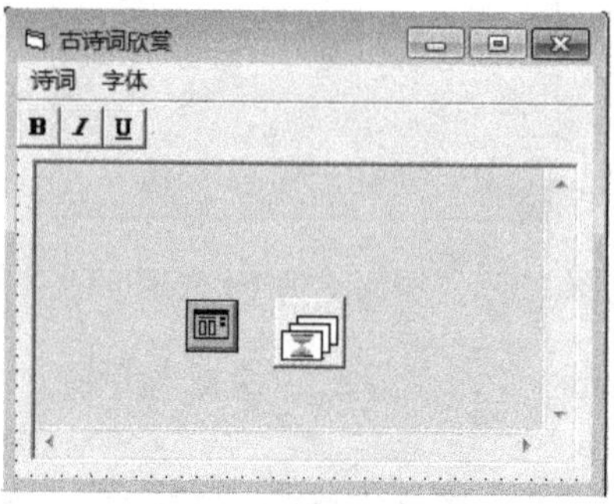

图 15-81 程序运行界面

按以下要求设计并编写实现相应功能的代码。

（1）设计“诗词”菜单如图 15-82（a）所示，选定某首诗词后，将相应的内容放入文本框中；选择“退出”命令结束程序运行。

（2）选择“字体”菜单能够弹出“字体”对话框，实现对文本框中文本的字体设置。

（3）设计弹出式菜单如图 15-82（b）所示，选择相应的命令后可以改变文本框中文本的颜色。

（4）添加如图 15-81 所示图像样式工具栏，运行时，当鼠标指向各按钮时有相应的功能提示；当鼠标单击各按钮时可以实现相应的功能，设置文本框中文本的样式。

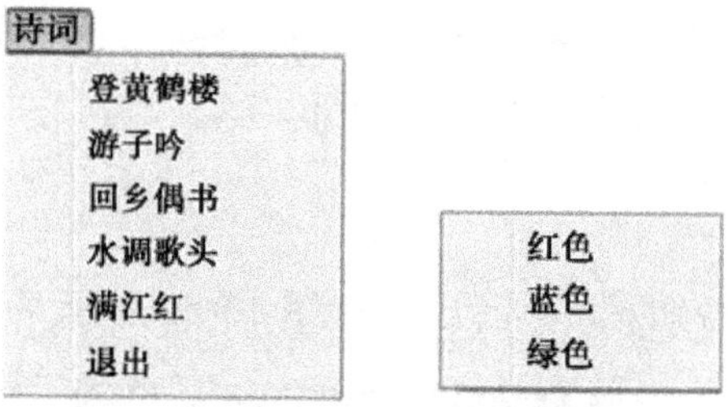

（a） （b）

图 15-82 各菜单项内容

15.10 实验 10 文件

1. 实验目的

（1）掌握文件的基本概念。

（2）理解文件系统类控件，并学会使用文件系统类控件。

（3）掌握文件的基本操作和语句。

2．实验内容

编辑一个顺序文件编辑窗口如图 15-83 所示，该窗口可以选择驱动器、文件夹、文件，当选中某个文件后，可以打开该文件，并显示在文件编辑窗口，同样也可以把文件编辑窗口中的内容保存到指定的文件夹和相关的文件名中去。

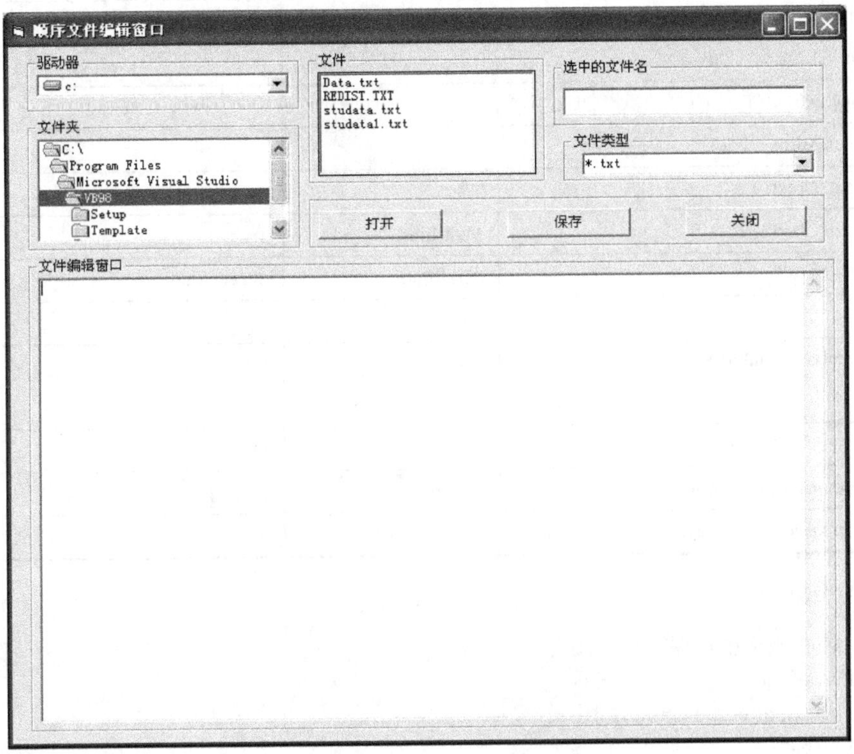

图 15-83　顺序文件编辑窗口

解：

① 界面设计：新建一工程，在窗体内设置七个框架控件 Frame1，Frame2，Frame3，Frame4，Frame5，Frame6，Frame7，一个驱动器列表控件 Drive1，一个文件夹列表控件 Dir1，一个文件列表控件 File1，两个文本框控件 Text1 和 Text2，一个组合框控件 Combo1，三个命令按钮控件 Command1，Command2，Command3 具体位置如图 15-83 所示，具体属性设置如表 15-15 所示。

表 15-15　顺序文件窗口的属性设置列表

对　象（名称）	属　性	属　性　值
Form（Form1）	Caption	顺序文件编辑窗口
Frame（Frame1）	Caption	驱动器
Frame（Frame2）	Caption	文件夹

续表

对　象（名称）	属　性	属 性 值
Frame（Frame3）	Caption	文件
Frame（Frame4）	Caption	选中的文件名
Frame（Frame5）	Caption	文件类型
Frame（Frame6）	Caption	
Frame（Frame7）	Caption	文件编辑窗口
DriveListBox（Drive1）		
DirListBox（Dir1）		
FileListBox（File1）		
Text（Text1）	Text	
Text（Text2）	MultiLine	True
	ScrollBars	2-VerTical
	Text	
Combo（Combo1）	List	*.* *.txt
Command（Command1）	Caption)	打开
Command（Command2）	Caption)	保存
Command（Command3）	Caption)	关闭

② 代码编写。

```
' 单击组合框控件的事件代码
Private Sub Combo1_Click()
 File1.Pattern = Combo1.Text
End Sub

' 单击命令按钮 1 的事件代码
Private Sub Command1_Click()
   Dim fname As String
   Dim mydata As String
   fname = Text1.Text
   Open fname For Input As #1
   Do While Not EOF(1)
       Line Input #1, mydata
       Text2.Text = Text2.Text + mydata + vbCrLf
   Loop
   Close #1
End Sub

' 单击命令按钮 2 的事件代码
Private Sub Command2_Click()
      Open Text1.Text For Output As #1
```

```
        Write #1, Text2.Text
        Close #1
    End Sub

    ' 单击命令按钮 3 的事件代码
    Private Sub Command3_Click()
      Unload Me
    End Sub

    '文件夹改变的事件代码
    Private Sub Dir1_Change()
      File1.Path = Dir1.Path
    End Sub

    ' 驱动器控件改变的事件代码
    Private Sub Drive1_Change()
      Dir1.Path = Drive1.Drive
    End Sub

    ' 文件列表控件的单击鼠标的事件代码
    Private Sub File1_Click()
      Dim fname As String, mydata As String
      If Right(File1.Path, 1) = "\" Then
          fname = File1.Path + File1.FileName
      Else
          fname = File1.Path + "\" + File1.FileName
      End If
      Text1.Text = fname
    End Sub
```

③ 程序运行结果如图 15-83 所示。

3. 上机练习题

建立一个顺序文件 student.txt，并在文件中至少存入八行文本，每行由学号、姓名、性别和年龄四个数据项组成，然后打开文件 student.txt，读出每个学生的姓名、性别和年龄三项数据，并显示在文本框中。

Visual Basic

15.11　实验 11　数据库技术

1. 实验目的

（1）掌握使用可视化数据管理器创建数据库和数据库表的方法。

（2）掌握使用查询生成器实现数据查询的方法。

（3）掌握使用 ADO Data 控件访问数据库的方法。

（4）掌握数据报表的制作方法。

2. 实验内容

（1）利用可视化数据管理器建立一个 Access 数据库“等级考试.mdb”，该数据库中包括“考生信息”表、“考试成绩”表，其表结构如表 15-16、表 15-17 所示。要求：对“考生信息”表按“考号”字段建立主索引 kh，对“考试成绩”表按“考号”字段建立主索引 kh。

表 15-16　“考生信息”表

字　段　名	字段类型	字段长度
考号	Text	9
姓名	Text	8
学校	Text	12
专业	Text	10

表 15-17　“考试成绩”表

字　段　名	字段类型	字段长度
考号	Text	9
笔试成绩	Single	4
上机成绩	Single	4

【实验操作步骤】

① 建立 Access 数据库“等级考试.mdb”。

- 选择“外接程序”菜单中的“可视化数据管理器”命令，打开“可视化数据管理器”窗口。
- 在“可视化数据管理器”窗口中，用鼠标依次单击“文件”→“新建”→“Microsoft Access”→“Version 7.0MDB”菜单命令，打开“选择要创建的 Microsoft Access 数据库”对话框。
- 在“选择要创建的 Microsoft Access 数据库”对话框中，输入要建立的数据库文件名“等级考试”后，单击“保存”按钮，返回到“可视化数据管理器”窗口，如图 15-84 所示。

图 15-84　“可视化数据管理器”窗口

② 建立数据表"考生信息"。

● 定义数据表名。在"可视化数据管理器"的"数据库窗口"中，右击鼠标，在弹出的快捷菜单中选择"新建表"命令，打开"表结构"对话框，在"表名称"文本框中输入要创建的数据表名"考生信息"，如图 15-85 所示。

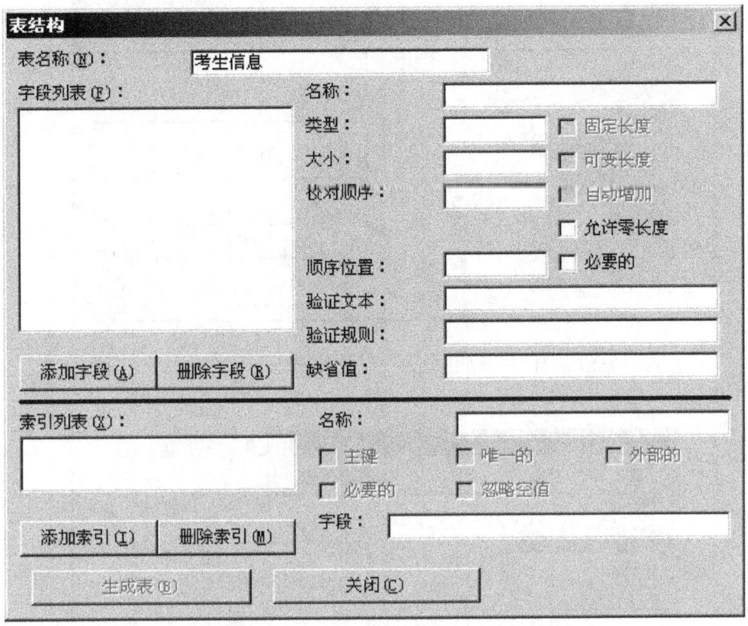

图 15-85　"表结构"对话框

● 定义表结构。在"表结构"对话框中，单击"添加字段"按钮，打开"添加字段"对话框，在"名称"文本框中输入要定义的字段名"考号"，在"类型"列表框中选择要定义的字段类型为 Text，在"大小"文本框中输入要定义的字段宽度为 9，单击"固定字段"单选按钮，取消"允许零长度"复选框，选定"必要的"复选框，定义结果如图 15-86 所示，单击"确定"按钮。

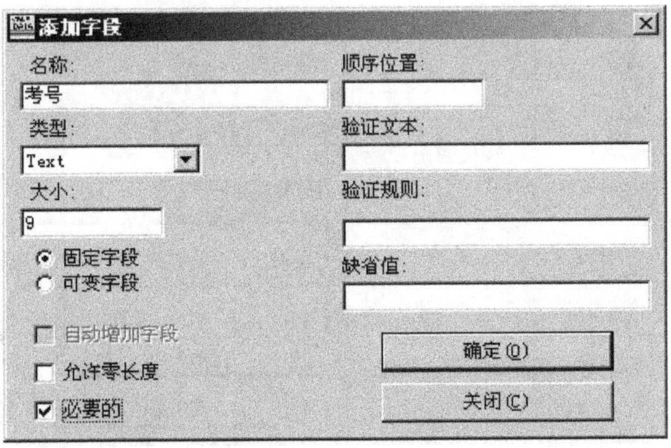

图 15-86　在"添加字段"对话框中定义"考号"字段

再在“添加字段”对话框中依次定义“姓名”、“学校”、“专业”等字段，定义结果如图 15-87～图 11-89 所示。

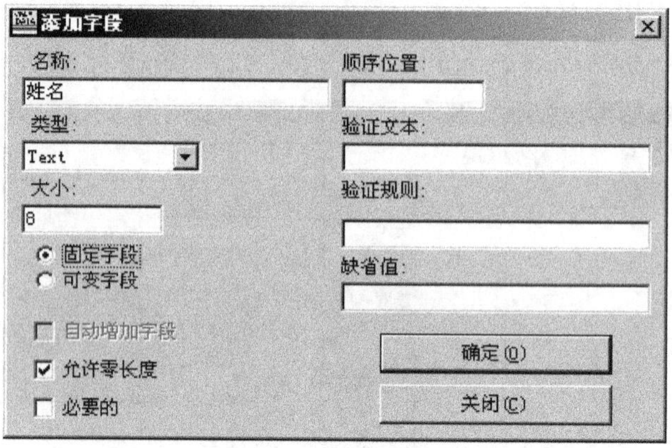

图 15-87　在“添加字段”对话框中定义“姓名”字段

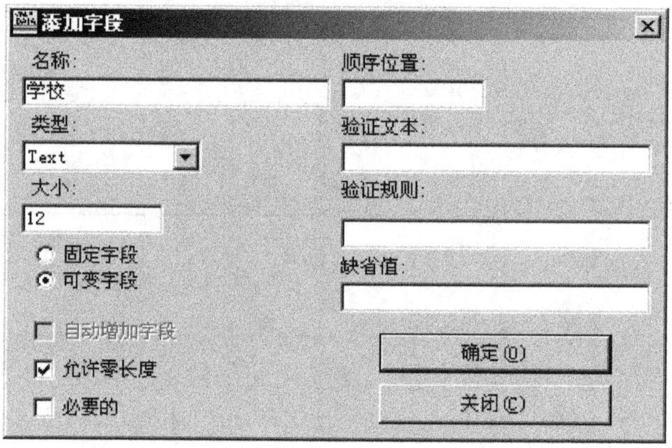

图 15-88　在“添加字段”对话框中定义“学校”字段

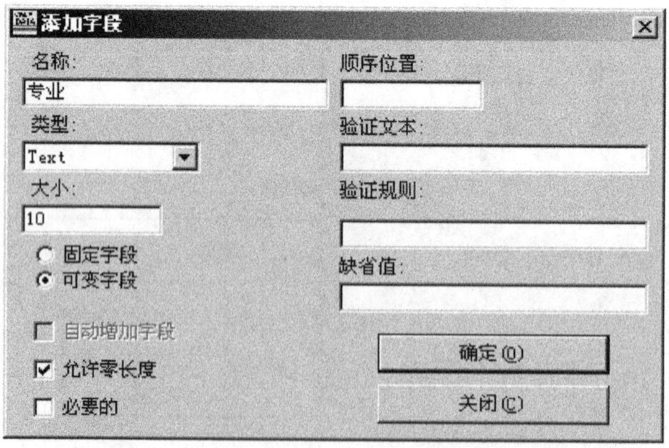

图 15-89　在“添加字段”对话框中定义“专业”字段

在“添加字段”对话框中，单击“关闭”按钮，返回“表结构”对话框，如图 15-90 所示。

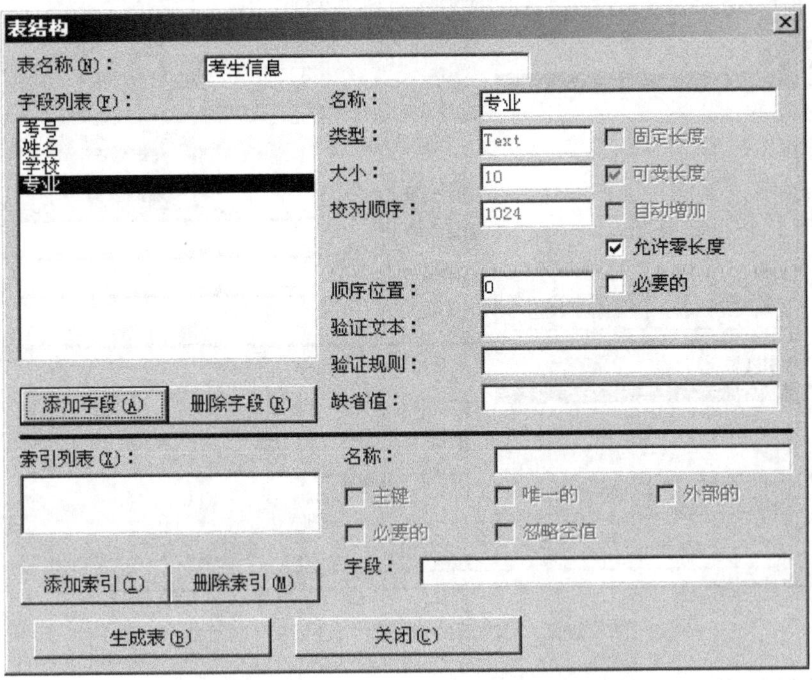

图 15-90　添加字段后的“表结构”对话框

● 定义索引。在“表结构”对话框中，单击“添加索引”按钮，打开“添加索引”对话框，在“可用字段”列表框中鼠标双击“考号”，在“名称”文本框中输入索引名 kh，定义结果如图 15-91 所示，单击“关闭”按钮，返回“表结构”对话框，如图 15-92 所示。

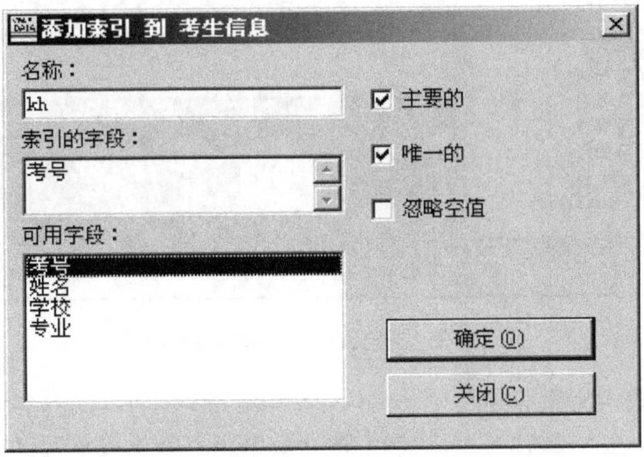

图 15-91　“添加索引”对话框

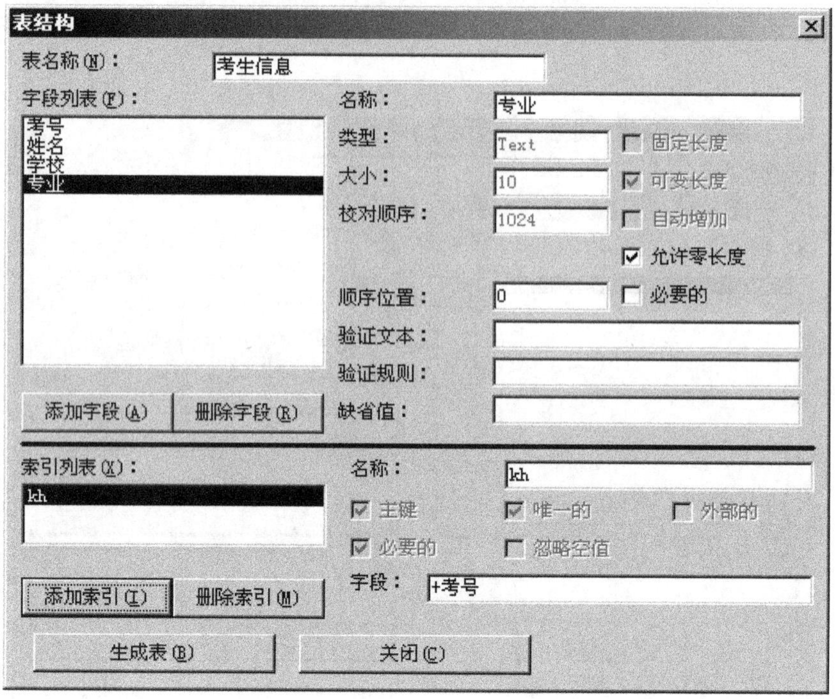

图 15-92　添加索引后的“表结构”对话框

- 生成数据表。在“表结构”对话框中，单击“生成表”按钮，则生成的数据表“考生信息”出现在“可视化数据管理器”的“数据库窗口”，如图 15-93 所示。

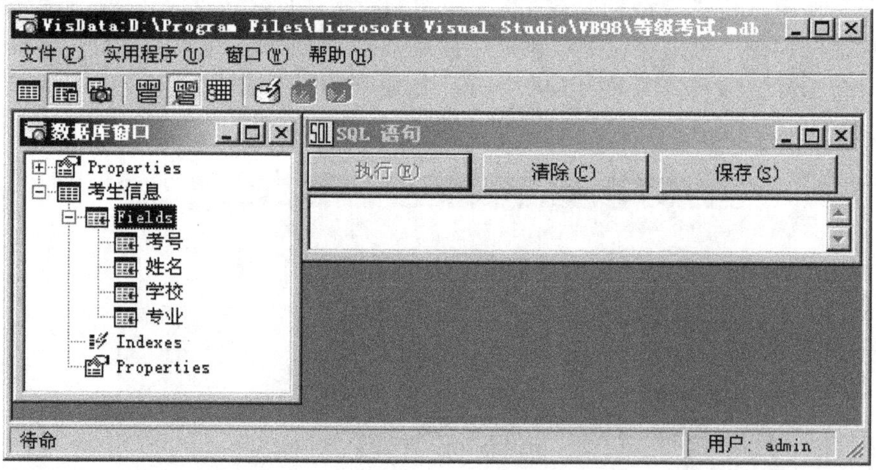

图 15-93　新建表后的“数据库窗口”

③ 建立数据表“考生成绩”。

重复步骤②，在“表结构”对话框中建立数据表“考生成绩”，如图 15-94 所示。

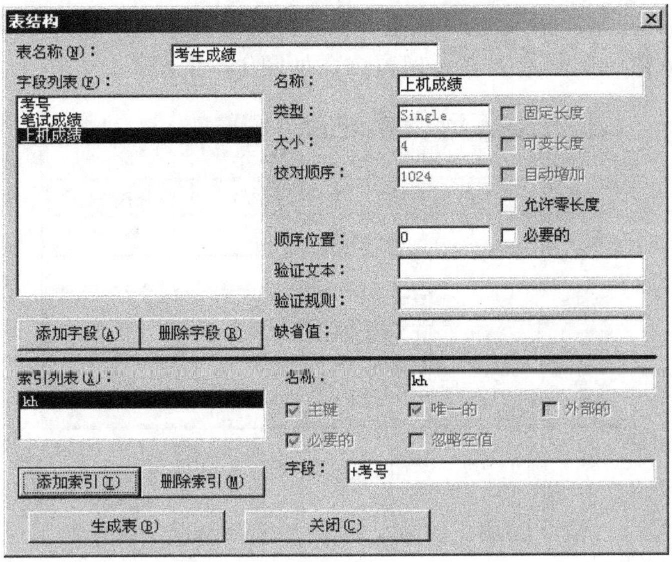

图 15-94　建立“考生成绩”表的“表结构”对话框

（2）使用可视化数据管理器分别向“考生信息”表和“考试成绩”表添加若干条记录。

【实验操作步骤】

① 向数据表“考生信息”中添加记录。

- 打开数据表处理窗口。在“数据库窗口”中，用鼠标双击“考生信息”数据表，打开数据表处理窗口，如图 15-95 所示。

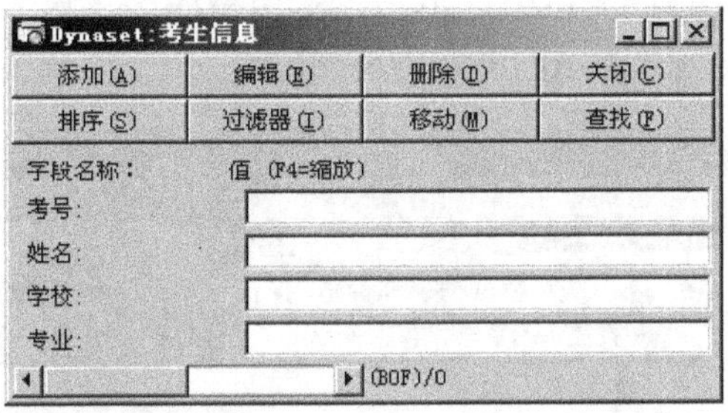

图 15-95　数据表处理的“Dynaset”窗口

- 打开添加记录窗口。单击“添加”按钮，打开添加记录窗口，如图 15-96 所示。

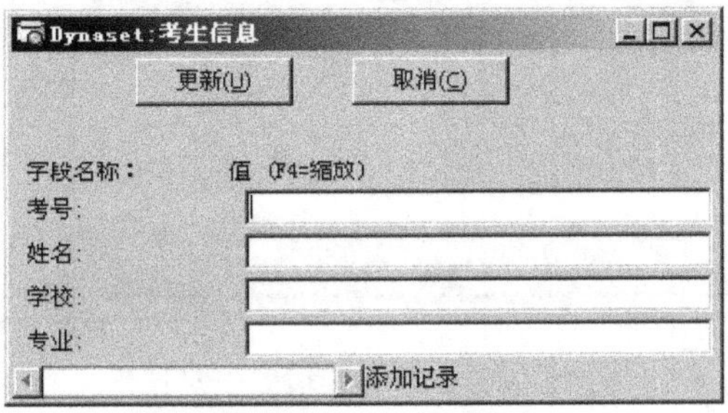

图 15-96　添加记录窗口

● 添加记录：在添加记录窗口的各个字段对应的文本框中输入相应的数据后，单击“更新”按钮，返回数据表处理窗口，如图 15-97 所示。

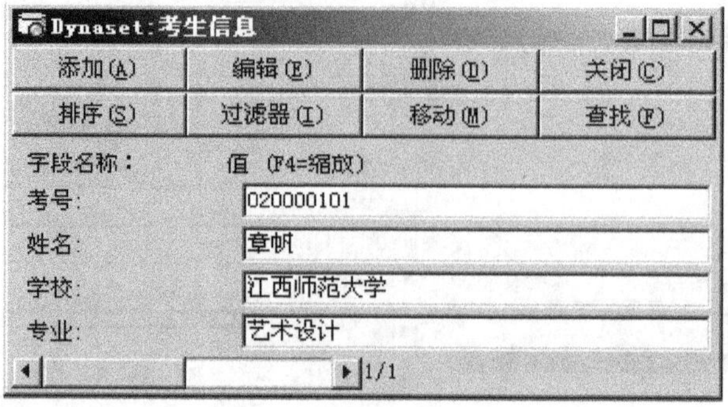

图 15-97 添加了记录的数据表处理窗口

● 重复上述步骤，依次添加记录到数据表“考生信息”中，然后单击“关闭”按钮，返回“数据库窗口”。

② 向数据表“考生成绩”中添加记录。

重复步骤①，在数据表处理窗口依次添加记录到数据表“考生成绩”中。

（3）使用“查询生成器”查询所有考生的“考号”、“姓名”、“学校”、“专业”、“笔试成绩”、“上机成绩”信息，并将查询结果以查询名“成绩表”保存。

【实验操作步骤】

① 打开“查询生成器”对话框。

在“可视化数据管理器”窗口中，单击“实用程序”菜单中的“查询生成器”命令，打开“查询生成器”对话框，如图 15-98 所示。

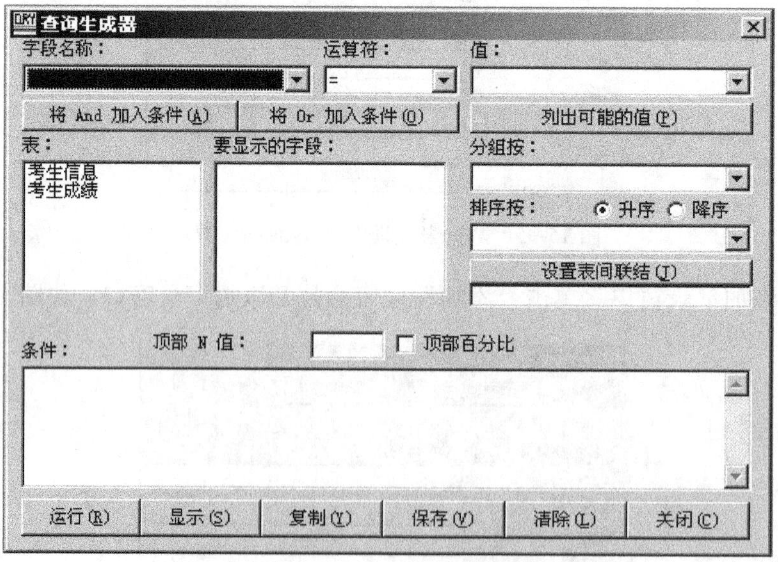

图 15-98 “查询生成器”对话框

② 选择要建立查询的表。

在“查询生成器”对话框中，依次单击“表”列表框中的“考生信息”和“考生成绩”。

③ 选择要建立查询的字段。

在“查询生成器”对话框中，依次单击“要显示的字段”列表框中的“考生信息.考号”、“考生信息.姓名”、“考生信息.学校”、“考生信息.专业”、“考生成绩.笔试成绩”、“考生成绩.上机成绩”。

④ 设置表间联结。

- 在“查询生成器”对话框中，单击“设置表间联结”按钮，打开“联结表”对话框，如图 15-99 所示。

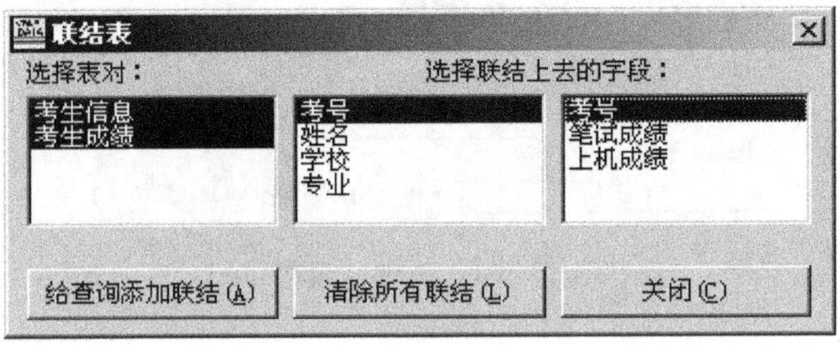

图 15-99　“联结表”对话框

- 依次单击“选择表对”列表框中的“考生信息”和“考生成绩”。
- 分别单击“选择联结上去的字段”左框和右框中的“考号”。
- 单击“给查询添加联结”按钮。
- 单击“关闭”按钮，返回“查询生成器”对话框，如图 15-100 所示。

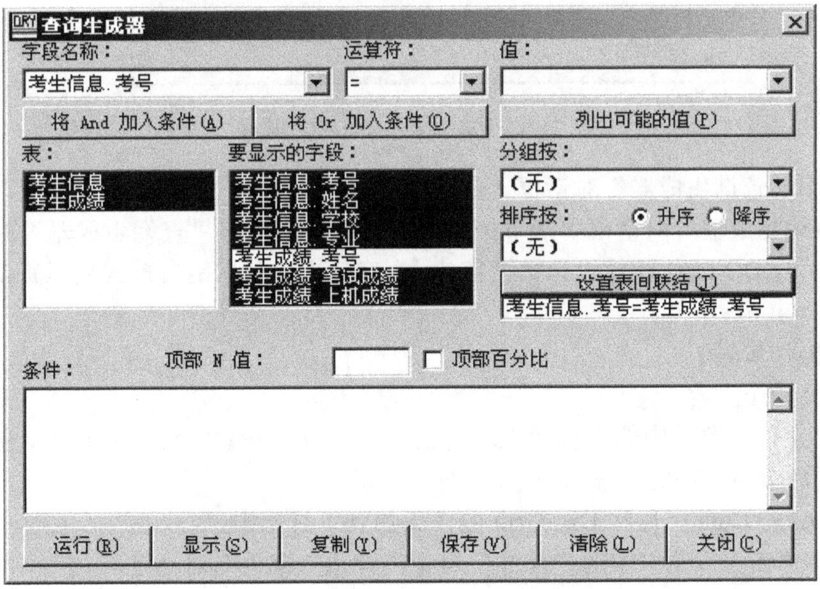

图 15-100　设置了查询选项的“查询生成器”对话框

⑤ 查看结果。

在“查询生成器”对话框中，单击“运行”按钮，在弹出的询问“这是 SQL 传递查询吗？”消息框中，单击“否”按钮，显示查询结果窗口如图 15-101 所示，单击“关闭”按钮，返回“查询生成器”对话框。

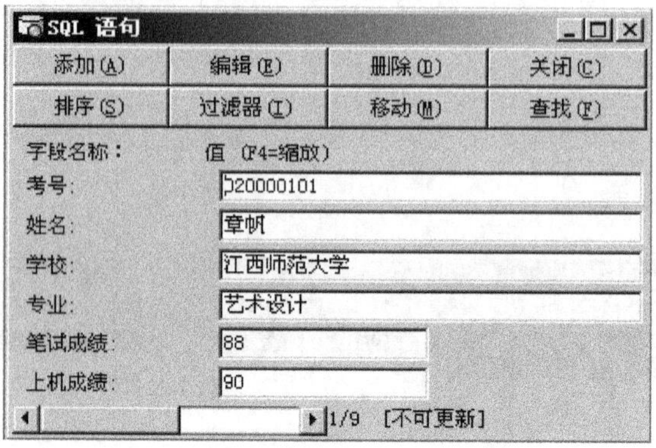

图 15-101 查询结果窗口

⑥ 保存查询结果。

在“查询生成器”对话框中，单击“保存”按钮，弹出保存文件对话框，如图 15-102 所示，输入查询名为“成绩表”后，单击“确定”按钮，返回“查询生成器”对话框。

图 15-102 保存文件对话框

⑦ 退出“查询生成器”对话框。

在“查询生成器”对话框中，单击“关闭”按钮，退出“查询生成器”对话框。

（4）使用 ADO Data 控件设计数据窗体，在窗体上以数据网格形式显示查询“成绩表”中的数据。

【实验操作步骤】

① 建立一个工程。

选择“文件”菜单中的“新建工程”命令，打开“新建工程”对话框，选择“标准 EXE”选项后单击“确定”按钮。

② 将 ADO Data 控件和 DataGrid 控件添加到工具箱中。

- 选择“工程”菜单中的“部件”命令，弹出“部件”对话框。
- 在“部件”对话框中，选择“控件”标签。
- 在“控件”列表框中选中“Microsoft ADO Data Control 6.0（OLEDB）”复选框。
- 在“控件”列表框中选中“Microsoft DataGrid Control 6.0（OLEDB）”复选框。

● 单击“确定”按钮。

③ 在窗体的底部添加一个 ADO Data 控件，按下述步骤设置其属性：

● 单击 ADO Data 控件属性窗口中 ConnectionString 属性右边的“...”按钮，弹出“属性页”对话框，如图 15-103 所示。

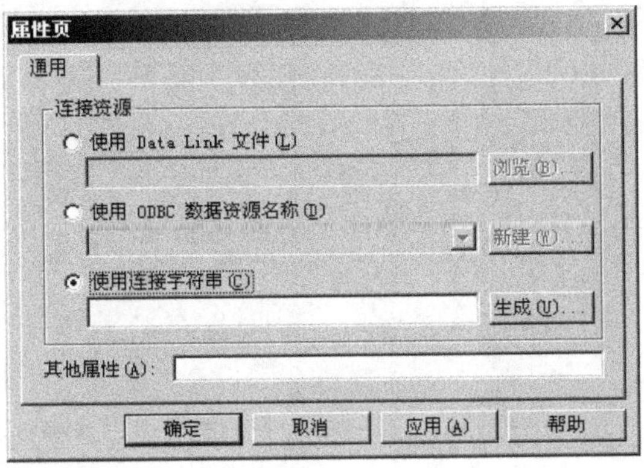

图 15-103　ADO Data 控件的“属性页”对话框

在“属性页”对话框中，选定“使用连接字符串”选项，单击“生成”按钮，打开“数据链接属性”对话框，如图 15-104 所示。

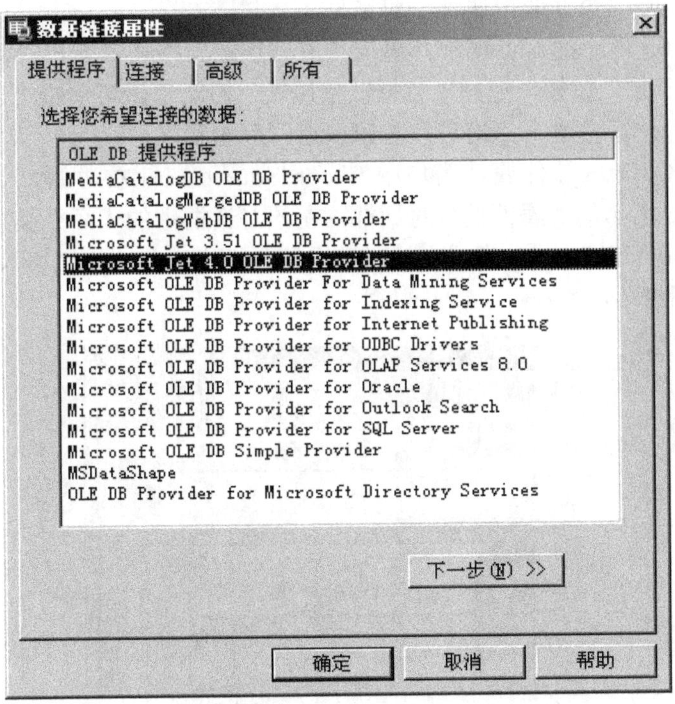

图 15-104　“数据链接属性”对话框的“提供程序”选项

在“数据链接属性”对话框的“OLE DB 提供程序”框中选择“Microsoft Jet 4.0 OLE DB Provide”，单击“下一步”按钮，打开该对话框的“连接”选项卡，如图 15-105 所示。

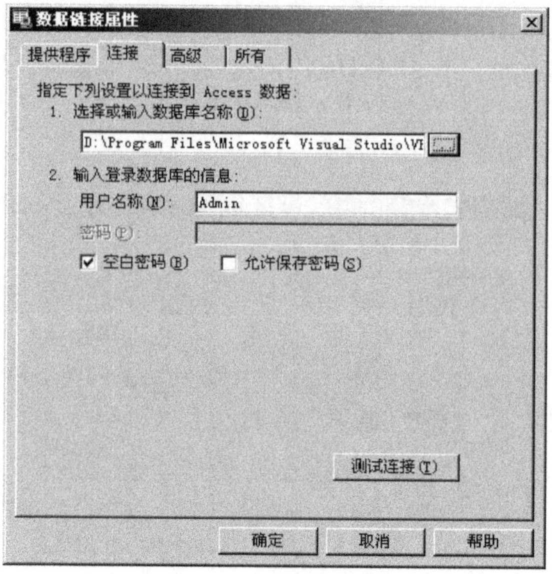

图 15-105 “数据链接属性”对话框的“连接”选项

在如图 15-105 所示的对话框中，单击“选择或输入数据库名称”右边的“...”按钮，在打开的“选择 Access 数据库”对话框中，选定“等级考试.mdb”数据库文件后，单击“打开”按钮，返回“数据链接属性”对话框。

在如图 15-105 所示的对话框中，单击“测试连接”按钮，弹出“测试连接成功”消息框后，单击“确定”按钮，返回“数据链接属性”对话框，再单击“确定”按钮，返回“属性页”对话框，再次单击“确定”按钮，返回到窗体。

- 单击 ADO Data 控件属性窗口中 RecordSource 属性右边的“...”按钮，弹出如图 15-106 所示的“属性页”对话框，在该对话框中的“命令类型”列表框中选择“2-adCmdTable”，在“表或存储过程名称”框中选择“成绩表”，单击“确定”按钮，返回窗体。

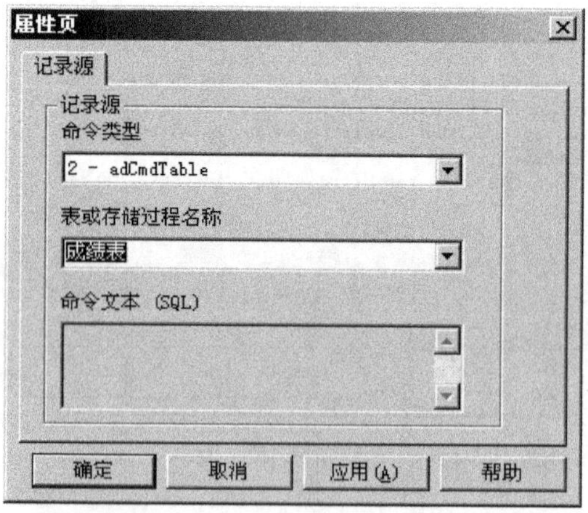

图 15-106 ADO Data 控件的“属性页”对话框

- 在 ADO Data 控件属性窗口中设置 Adodc1 控件的 Visible 属性值为 False。

④ 在窗体上添加一个 DataGrid 控件，在 DataGrid 控件属性窗口中设置 DataGrid1 控件的 DataSource 属性值为“Adodc1”。

⑤ 单击工具栏上的“启动”按钮，运行窗体如图 15-107 所示。

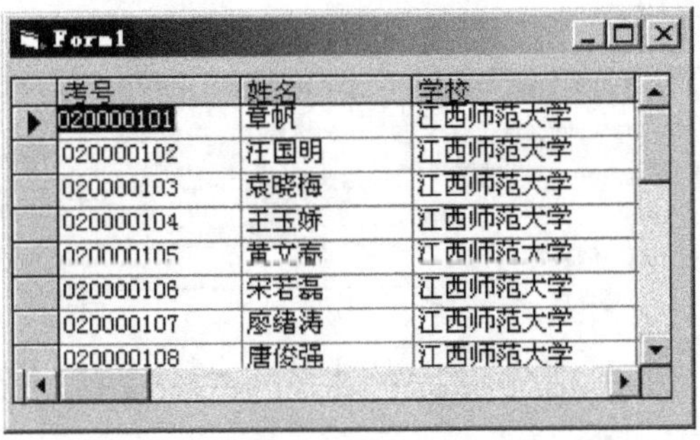

图 15-107　查询“成绩表”运行结果

（5）使用数据报表设计器设计一张报表，数据来自查询“成绩表”中的记录。

【实验操作步骤】

① 选择“工程”菜单中的“添加 Data Environment”命令，在当前工程资源管理器窗口中添加了一个如图 15-108 所示的数据环境设计器，同时打开如图 15-109 所示的“数据环境设计器”窗口。

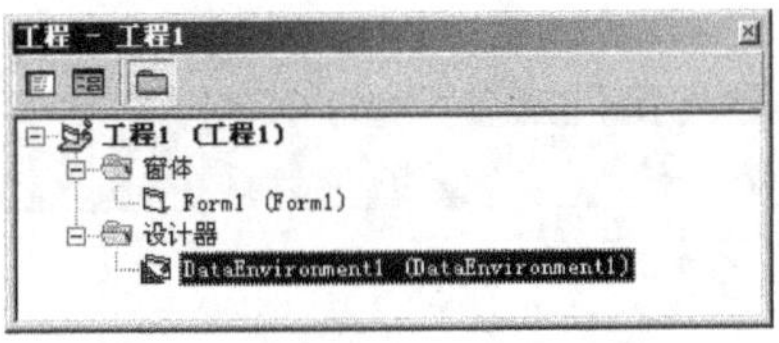

图 15-108　“工程资源管理器”窗口

图 15-109　“数据环境设计器”窗口

② 在“数据环境设计器”窗口中，鼠标右击“Connection1”，在弹出的快捷菜单中选择“属性”命令，打开如图 15-104 所示的“数据链接属性”对话框，在“OLE DB 提供程序”框中选择“Microsoft Jet 4.0 OLE DB Provide”后，单击“下一步”，打开如图 15-105 所示的该对话框的“连接”选项卡，单击“选择或输入数据库名称”右边的“...”按钮，在打开的“选择 Access 数据库”对话框中，选定“等级考试.mdb”数据库文件后，单击“打开”按钮，返回“数据链接属性”对话框。测试数据库连接成功后，单击“确定”按钮，返回到窗体。

③ 在“数据环境设计器”窗口中，单击工具栏上的“添加命令”按钮，则在“Connection1”下面添加了一个 Command1 命令。用鼠标右击“Command1”，在弹出的快捷菜单中选择“属性”命令，打开如图 15-110 所示的“Command1 属性”对话框，在该对话框的“数据库对象”列表框中选择“视图”，在“对象名称”列表框中选择“成绩表”后，单击“确定”按钮。

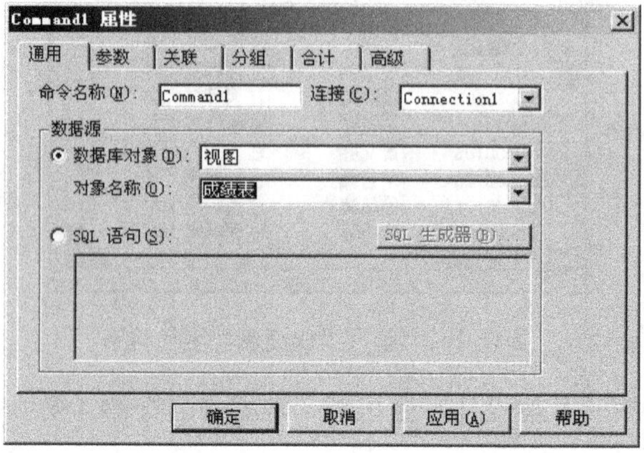

图 15-110 “Command1 属性”对话框

④ 选择“工程”菜单中的“添加 Data Report”命令，在当前工程资源管理器窗口中添加了一个如图 15-111 所示的数据报表设计器，同时打开如图 15-112 所示的“数据报表设计器”窗口。

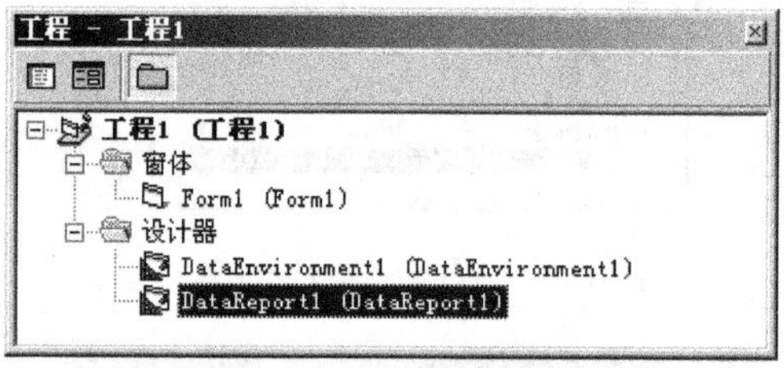

图 15-111 “工程资源管理器”窗口

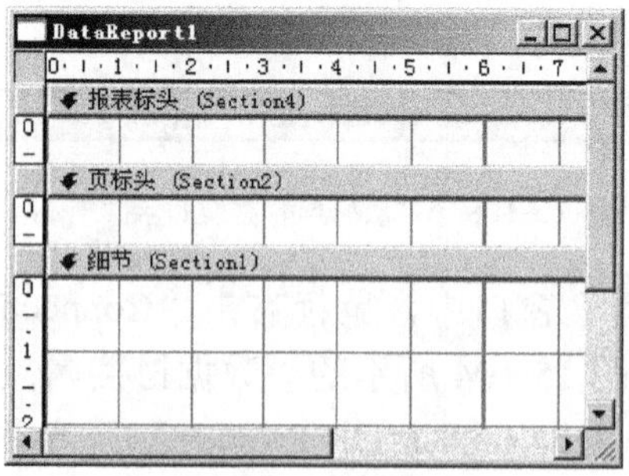

图 15-112 “数据报表设计器”窗口

⑤ 在 DataReport 控件属性窗口中设置 DataReport1 的 DataSource 属性为 DataEnviroment1，DataMember 属性为 Command1。

⑥ 在“数据报表设计器”窗口中的“报表标头”处，添加一个报表标签控件 Label1，在“页标头”处添加 8 个报表标签控件 Label2～Label8，在“细节”处添加 6 个报表文本框控件 Text1～Text6，按表 15-18 所示在属性窗口设置各报表控件的属性值，设置效果如图 15-113 所示。

表 15-18　报表设计器中各控件属性设置值

报表控件名	属　性　项	属　性　值
Label1	Caption	学生成绩表
	Left	4000
	Top	0
	Height	300
	Width	1000
Label2	Caption	制表日期：%d
	Left	0
	Top	0
	Height	300
	Width	2268
Label3	Caption	共 %P 页
	Left	6000
	Top	0
	Height	300
	Width	1500
Label4	Caption	考号
	Left	0
	Top	600
	Height	300
	Width	1140
Label5	Caption	姓名
	Left	1140
	Top	600
	Height	300
	Width	1140
Label6	Caption	学校
	Left	2280
	Top	600
	Height	300
	Width	1710

续表

报表控件名	属　性　项	属　性　值
Label7	Caption	专业
	Left	3990
	Top	600
	Height	300
	Width	1710
Label8	Caption	笔试成绩
	Left	5700
	Top	600
	Height	300
	Width	1140
Label9	Caption	上机成绩
	Left	6840
	Top	600
	Height	300
	Width	1140
Text1	DataMember	Command1
	DataField	考号
	Left	0
	Top	0
	Height	300
	Width	1140
Text2	DataMember	Command1
	DataField	姓名
	Left	1140
	Top	0
	Height	300
	Width	1140
Text3	DataMember	Command1
	DataField	学校
	Left	2280
	Top	0
	Height	300
	Width	1710

续表

报表控件名	属 性 项	属 性 值
Text4	DataMember	Command1
	DataField	专业
	Left	3990
	Top	0
	Height	300
	Width	1710
Text5	DataMember	Command1
	DataField	笔试成绩
	Left	5700
	Top	0
	Height	300
	Width	1140
Text6	DataMember	Command1
	DataField	上机成绩
	Left	6840
	Top	0
	Height	300
	Width	1140

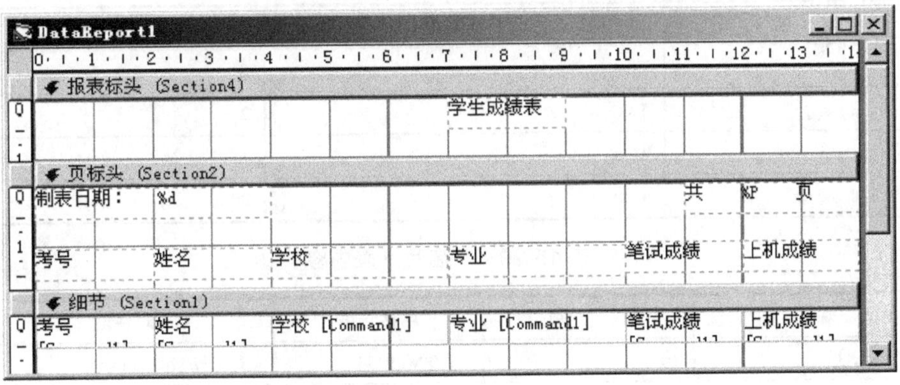

图 15-113　报表界面的设计

⑦ 显示报表。

● 选择“工程”菜单中的“工程属性”命令，在打开“工程属性”对话框中，设置启动窗体为 DataReport1 后，单击“确定”按钮，返回报表设计器。

● 单击工具栏上的“启动”按钮，显示报表如图 15-114 所示。

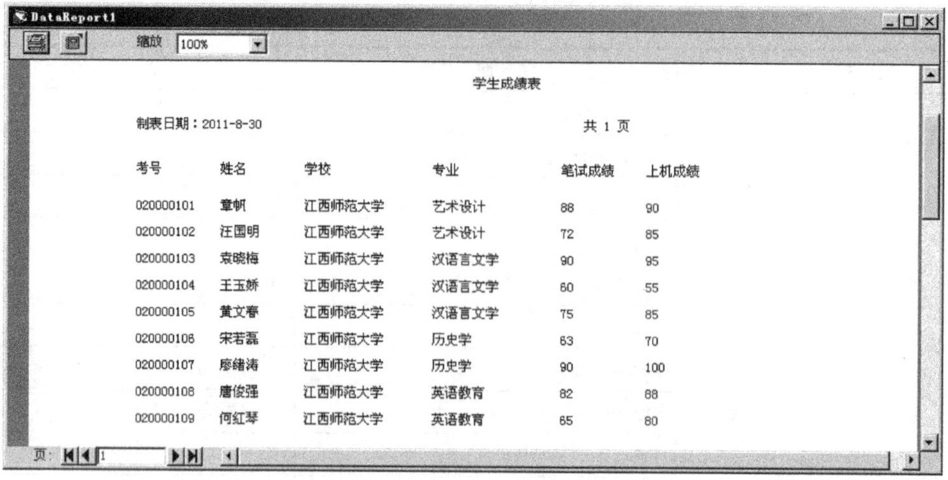

图 15-114　基于“成绩表”的报表

3. 上机练习题

（1）利用可视化数据管理器创建。

① 一个 Access 数据库，数据库名为“通讯录.mdb”。

② 数据库中建立一个数据表，表名为“名片”，其表结构和表内容如表 15-19、表 15-20 所示。

表 15-19　“名片”表结构

字　段　名	字段类型	字段长度
姓名	Text	8
性别	Text	2
电话号码	Text	11
电子邮件地址	Text	30

表 15-20　“名片”表内容

姓　　名	性　　别	电话号码	电子邮件地址
李仁斌	男	13300011234	Li_abc@sina.com
周海强	男	18909892987	Zhouhaiq@163.com
赵霞	女	15804329543	xiazhao@163.com
王峰	男	13509320098	Wang_feng@sina.com
林明洪	男	13809342534	minghongli@sina.com

（2）创建一个工程。

① 利用 ADO Data 控件设计数据窗体，访问“通讯录”数据库实现对数据的添加、删除、修改、查找。

② 利用数据报表设计器设计一张报表，显示“通讯录”中的数据。

附录 A 各菜单命令的作用

附表 A-1 【文件】菜单

序　号	菜单项名称	菜单项功能
1	新建工程	建立一个新的工程文件
2	打开工程	打开一个已存在的工程文件
3	添加工程	在打开的工程组中增加一个新工程
4	移除工程	移除指定的工程
5	保存工程	保存当前正在编辑的工程
6	工程另存为	将工程按指定名称重新保存
7	保存窗体	保存当前窗体
8	窗体另存为	将窗体按指定名称重新保存
9	保存选择	仅保存选择的内容
10	保存更改的脚本	将更改后的脚本进行保存
11	打印	打印窗体或代码
12	打印设置	设置打印信息
13	生成工程 1.exe	生成当前工程（组）的 exe，dll，ocx 文件
14	生成工程组	对工程组中的每一个工程生成一个 exe，dll，ocx 文件
15	文件 1，2，3，4	最近打开的四个工程（.vbp）或工程组（.vbg）的名字
16	退出	退出 Visual Basic

附表 A-2 【编辑】菜单

序　号	菜单项名称	菜单项功能
1	撤销	取消最近的一次操作
2	重复	重复最近的一次操作
3	剪切	将被选中的内容删除并放到剪贴板中
4	复制	将被选中的内容复制到剪贴板中
5	粘贴	将剪贴板中的内容粘贴到光标所在处
6	粘贴链接	把链接粘贴到一个有效的 DDE 源上
7	移除	将表从数据库中移除
8	删除	删除被选中的控件、文本或查看表达式等
9	从数据库删除表	将数据库表从数据库中物理删除
10	全选	选中代码窗口中的所有内容

续表

序　号	菜单项名称	菜单项功能
11	选择全部列	选择数据库表的全部列
12	表	对数据库表进行设置主键、插入和删除列等操作
13	查找	查找指定的字符串等内容
14	查找下一个	查找指定的内容下一次出现的位置
15	替换	查找指定的内容并用新的内容替换
16	缩进	使选择的文本行向右移一个 Tab 位置
17	凸出	使选择的文本行向左移一个 Tab 位置
18	插入文件	把一个已打开的文件代码插入到当前位置
19	属性 / 方法列表	在【代码】窗口中用下拉式列表框显示对象的属性和方法
20	常数列表	列出属性的有效值
21	快速信息	显示【代码】窗口中选择的变量等信息
22	参数信息	显示函数或语句的参数信息
23	自动完成关键字	输入一个能推测的单词的前几个字母后，VB 自动输入后面的字母
24	到行	移动数据库表的行
25	书签	建立或取消占位符，移动到下一个或前一个书签，清除所有书签

附表 A-3　【视图】菜单

序　号	菜单项名称	菜单项功能
1	代码窗口	激活相应对象的【代码】窗口
2	对象窗口	显示激活的对象
3	定义	显示光标所在处的变量或过程的定义
4	最后位置	在【代码】窗口中使光标回到上一次的位置
5	对象浏览器	显示对象浏览器，列出有关信息
6	立即窗口	在【立即】窗口中显示调试语句和输入命令的结果
7	本地窗口	在【本地】窗口中显示当前栈中的所有变量及它们的值
8	监视窗口	在【监视】窗口中显示当前观察表达式的值
9	调用堆栈	显示【调用堆栈】对话框，在中断模式下列出一个过程正在调用的其他过程
10	工程资源管理器	显示【工程资源管理器】窗口
11	属性窗口	显示【属性】窗口
12	窗体布局窗口	显示【窗体布局】窗口，可以用来预览和改变窗体的初次显示位置
13	属性页	显示用户控件的属性页
14	表	显示数据库表的列属性、列名称、关键字等
15	缩放	选择显示的比例
16	显示窗格	设置数据库表、查询设计网格、SQL 语句内容和结果等是否显示
17	工具箱	显示标准 Visual Basic 控件
18	数据视图窗口	显示【数据视图】窗口

续表

序　　号	菜单项名称	菜单项功能
19	调色板	激活并调用调色板
20	工具栏	显示工具栏
21	Visual Component Manager	显示可视化部件管理器

附表 A-4　【工程】菜单

序　　号	菜单项名称	菜单项功能
1	添加窗体	在工程中加入一个窗体
2	添加 MDI 窗体	在工程中加入一个 MDI 文档界面窗体
3	添加模块	在工程中加入一个模块
4	添加类模块	在工程中加入一个类模块
5	添加用户控件	在工程中加入一个用户控件
6	添加属性页	在工程中加入一个新的或现有的属性页
7	添加用户文档	在工程中加入一个新的或现有的用户文档
8	添加 DHTML Page	在工程中加入一个新的 DHTML 页面
9	添加 Data Report	在工程中加入一个新的数据报表
10	添加 Web Class	在工程中加入一个新的 Internet Web 类
11	添加 Microsoft User Connection	在工程中加入一个新的用户连接
12	添加 ActiveX 设计器	显示可用的 ActiveX 设计器，并从中选择一种，加入到工程中
13	添加文件	在工程中加入一个文件
14	移除（窗体）	在工程中移除选择的窗体
15	引用	在工程中加入一个对象库或类库
16	部件	在工具箱中加入控件、设计器和对象
17	（工程名）属性	观察选定的工程的属性

附表 A-5　【格式】菜单

序　　号	菜单项名称	菜单项功能
1	对齐	以最后选择的对象为基准，将选中的对象对齐
2	统一尺寸	使选择的对象大小相同
3	按网格调整大小	按照窗体上最近的网格线调整对象的高度和宽度
4	水平间距	改变对象之间的水平距离
5	垂直间距	根据具有焦点的对象调整对象之间的垂直距离
6	在窗体中居中对齐	把选择的对象调整到窗体的中央
7	顺序	改变窗体中对象的顺序
8	锁定控件	把窗体上的所有控件锁定在当前位置，以免在设计时移动它们

附表 A-6 【调试】菜单

序　号	菜单项名称	菜单项功能
1	逐语句	每次运行只执行一条语句
2	逐过程	每次运行只执行一个过程
3	跳出	跳出运行状态
4	运行到光标处	在中断模式下，程序执行到光标所在的位置
5	添加监视	在设计时或中断模式下，输入监视表达式
6	编辑监视	编辑或删除监视表达式
7	快速监视	显示监视表达式的当前值，可以用来查看变量、属性和其他表达式的值
8	切换断点	在当前行设置或取消一个断点
9	清除所有断点	清除工程中的所有断点
10	设置下一条语句	设置下一条要执行的语句
11	显示下一条语句	加亮显示下一条要执行的语句

附表 A-7 【运行】菜单

序　号	菜单项名称	菜单项功能
1	启动	运行工程管理器中的启动工程
2	全编译执行	对工程进行完全编译并运行
3	中断	当一个程序正在运行时中断它，进入中断模式
4	结束	停止运行的程序，返回设计状态
5	重新启动	在中断之后重新开始执行应用程序

附表 A-8 【查询】菜单

序　号	菜单项名称	菜单项功能
1	运行	运行设计的数据库查询语句
2	消除结果	消除数据库查询结果
3	验证 SQL 语法	验证 SQL 语法的正确性
4	分组	对结果进行分组
5	更改类型	对数据库表进行插入、更新、删除等操作
6	添加到输出	将结果添加到输出列表中
7	升序排序	对查询结果按照升序排序
8	降序排序	对查询结果按照降序排序
9	删除过滤器	删除查询的过滤器

附表 A-9　【图表】菜单

序　　号	菜单项名称	菜单项功能
1	新建文本批注	在数据库图表中增加文本批注
2	设置文本字体	修改批注等文本信息的字体
3	添加关联表	在已有的数据库表中增加一个与现有数据库表相关联的数据表
4	显示关联标签	显示数据库表之间关联标签的名称
5	修改自定义视图	对数据库图表的显示方式进行修改
6	显示分页标记	显示数据库图表的分页标记
7	重新计算分页	重新计算数据库图表的分页
8	选项对齐	将选定内容对齐
9	表对齐	将数据库图表中的表图标对齐
10	调整选定表	对数据库图表中选定的表图标进行调整

附表 A-10　【工具】菜单

序　　号	菜单项名称	菜单项功能
1	添加过程	在活动的模块中添加一个新的子程序（Sub）、函数（Function）、属性（Property）或事件（Event）过程
2	过程属性	设置与对象的属性和方法有关的性质
3	菜单编辑器	显示【菜单编辑器】对话框
4	选项	显示【选项】对话框，设置 Visual Basic 的编程环境
5	发布	发布应用程序
6	SourceSafe	基于 Visual Basic SourceSafe 数据库的操作

附表 A-11　【外接程序】菜单

序　　号	菜单项名称	菜单项功能
1	可视化数据管理器	打开后可以访问或操作数据
2	外接程序管理器	接入或卸载 Visual Basic 的外接程序

附表 A-12　【窗口】菜单

序　　号	菜单项名称	菜单项功能
1	拆分	用水平线分隔或取消代码窗口
2	水平平铺	在 MDI 模式中使“对象”、“代码”窗口和对象浏览器上下排列
3	垂直平铺	在 MDI 模式中使“对象”、“代码”窗口和对象浏览器左右排列
4	层叠	在 MDI 模式中使“对象”、“代码”窗口和对象浏览器层叠排列
5	排列图标	在窗口左下角排列最小化的窗口图标
6	窗口列表	显示所有打开的窗口

附表 A-13 【帮助】菜单

序　号	菜单项名称	菜单项功能
1	内容	运行帮助，显示帮助的目录和索引
2	索引	打开帮助系统
3	搜索	打开在线文档
4	技术支持	运行帮助系统，显示 Visual Basic 产品的支持信息
5	Web 上的 Microsoft	显示一个包含 Internet 网址的菜单
6	关于 Microsoft Visual Basic	显示【关于】对话框

附录B 计算机等级考试笔试模拟试卷及答案（一）

一、选择题

下列各题A、B、C、D四个选项中，只有一个选项是正确的。

1．从一个长度为 n 的顺序表中删除第 i 个元素($1 \leqslant i \leqslant n$)时，需向前移动____个元素。

A．$n-i$　　B．$n+1$　　C．$n-i-1$　　D．i

2．从顺序存储的循环队列中删除一个元素时，是____。

A．先移动队首指针，后取出元素　　B．先取出元素，后移动队首指针

C．先移动队尾指针，后取出元素　　D．先取出元素，后移动队尾指针

3．假定在一棵二叉树中，双分支结点数为15个，单分支结点数为32个，则叶子结点数为____个。

A．15　　B．16　　C．17　　D．47

4．在以下术语中，与数据的逻辑结构无关的是____。

A．线性结构　　B．链式结构　　C．树型结构　　D．网状结构

5．软件工程的结构化生命周期方法，通常是将软件生命周期划分为计划、开发和运行三个时期，下列选项中的____工作应属于软件开发时期的内容。

①需求分析　　②可行性研究　　③总体设计　　④问题定义

A．①和②　　B．①和③　　C．①、②和④　　D．全部

6．数据管理技术随着计算机技术的发展而发展。数据库系统阶段具有许多特点，但下面列出的特点中，____不是数据库系统阶段的特点。

A．数据结构化　　B．数据面向应用程序

C．数据共享性高　　D．数据具有较高的独立性

7．Visual Basic的主窗口是指____。

A．对象窗口　　B．工程管理器窗口

C．代码窗口　　D．程序窗口

8．能够确定控件或窗体大小的属性是____。

A．Top和Left　　B．Top或Left

C．Height或Width　　D．Height和Width

9．以下程序运行时，输入3和4后输出的结果是____。

```
Private Sub Commandl_Click()
a=InputBox("请输入a的值")
b=InputBox("请输入b的值")
```

```
Print a+b
End Sub
```

A．3+4　　B．7　　C．34　　D．12

10．Visual Basic 6.0 的版本中，功能最全面的是____。

A．企业版　　B．学习版　　C．个人版　　D．专业版

11．在 Visual Basic 中，下列不能打开属性窗口的操作是____。

A．执行“视图”菜单中的“属性窗口”命令

B．按 F4 键

C．按 Ctrl+T

D．单击工具栏上的“属性窗口”按钮

12．下列数据类型不属于构造类型的是____。

A．数组类型　　B．集合类型　　C．对象类型　　D．枚举类型

13．Visual Basic 日期常量的定界符是____。

A．" "或 # #　　B．' '或<>　　C．" "或 [ ]　　D．{}或 " "

14．表达式 23 / 5.8、23 \ 5.8、23Mod5.8 的运算结果分别是____。

A．3、3.9655、3　　B．3.9655、3、5

C．4、4、5　　D．3.9655、4、3

15．窗体里有两个对象，分别是图片框 Picture1 和标签 Label1。那么下面关于 Print 方法的使用中，错误的一条是____。

A．Picture1.Print　147　　B．Print　147

C．Printer.Print　147　　D．Label1.Print　147

16．可以用来设置窗体最小化时所显示的图表的属性是____。

A．MinButton　　B．MaxButton　　C．ControlBox　　D．Icon

17．以下程序的输出结果是____。

```
Dim k, a(10), P(3)
k=5
For i=0 To 10
a(i)=i
Next i
For i=0 To 2
P(i)=a(i*(i+1))
Next i
For i=0 TO 2
k=k+P(i)*2
Next i
Print k
```

A．20　　B．21　　C．22　　D．23

18．对窗体编写如下事件过程。当程序运行后，如果单击鼠标右键，则输出结果为____。

```
Private Sub Form_MouseDown(Button As Integer， _
Shift As Integer， X As Single，  Y As Single)
 If   Button=2   Then
  Print"AAAAA"
 End If
End Sub
  Private Sub Form_MouseUp(Button As Integer， _
   Shift As Integer,X As Single,Y As Single)
   Print"BBBBB"
  End Sub
```

A．AAAAA
BBBBB　　B．BBBBB　　C．AAAAA
AAAAA　　D．BBBBB

19．当窗体上的文字或图形被覆盖或最小化后能恢复原貌，需要设置窗体的属性是____。

A．Enable　　B．Autoredraw　　C．Visible　　D．Appearance

20．执行 INPUT 语句时，如果从键盘上输入多个数据，数据之间用____隔开。

A．空格　　B．冒号　　C．分号　　D．逗号

21．下列语句中语法正确的是____。

A．X^3=5　　B．LET a=3,b=7

C．A>B=2　　D．A=B<2

22．表达式 Len("You　are welcome! ")的值是____。

A．13　　B．14　　C．15　　D．16

23．下列循环语句循环的次数是____。

```
a=0
For b=1 To -2   Step -1
a=a-1
Next b
```

A．2 次　　B．4 次　　C．3 次　　D．0 次

24．对于语句“If a=b Then c=d”，说法正确的是____。

A．a=b 和 c=d 是赋值语句

B．a=b 和 c=d 是关系表达式

C．a=b 是赋值语句，c=d 是关系表达式

D．a=b 是关系表达式，c=d 是赋值语句

25．在用 Open 语句打开文件时，如果省略“For 方式”，则打开的文件的存取方式是____。

A．顺序输入方式　　B．顺序输出方式

C．随机存取方式　　D．二进制方式

26．下列程序段的执行结果是____。

```
Dim m(10),n(10)
i=3
```

```
For t=l to 5
m(t)=t
n(i)=2*i+t
Next t
Print n(i) ; m(i)
```

A．3　11　　B．3　15　　C．11　3　　D．15　3

27. 在窗体上画一个命令按钮 Command1 和两个文本框，名称分别为 Text1 和 Text2。编写如下两个事件过程，当在设计阶段把窗体的 KeyPreview 属性设置为 True 时，程序运行过程中，在键盘上输入小写字母 abc，然后单击命令按钮，则文本框 Text2 中显示的内容为____。

```
Dim str As String,str1 As String
Private Sub form_ load()
      Text1．Text=" "
      Text2．Text=" "
      Text1．Enabled=False
      Text2．Enabled=False
End Sub
Private Sub Form_KeyPress(KeyAscii    As    Integer)
      str=str&Chr(KeyAscii)
End Sub
Private Sub Form_KeyDown(KeyCode    As    Integer,Shift As Integer)
      strl=strl&Chr(KeyCode)
End Sub
Private Sub Commandl_C1ick()
      Textl．Text=Str
      Text2．Text=strl
      Str=" "
      Strl=" "
End Sub
```

A．abc　　B．不显示任何信息　　C．ABC　　D．出错

28．一个工程中包含有两个分别为 Forml、Form2 名称的窗体，其中一个名称为 mdlFunc 的标准模块。假定在 Forml、Form2 和 mdlFunc 中分别建立了自定义过程，其定义格式如下：

Forml 中定义的过程。

```
Private Sub frmFunctionl( )
…
End Sub
Form2 中定义的过程:
Public Sub frmFunction2( )
…
End Sub
```

```
mdlFunc 中定义的过程:
Public Sub mdlFunction( )
…
End Sub
```

在调用上述过程的程序中，如果不指明窗体或模块的名称，则以下叙述中正确的是____。

A. 上述三个过程都可以在工程中的任何窗体或模块中被调用

B. frmFunction2 和 mdlFunction 过程能够在工程中各个窗体或模块中被调用

C. 上述三个过程都只能在各自被定义的模块中调用

D. 只有 mdlFunction 过程能够被工程中各个窗体或模块调用

29. 在窗体上画一个名称为 Drivel 的驱动器列表框，一个名称为 Dir1 的目录列表框，一个名称为 File1 的文件列表框，两个名称分别为 Label1、Label2，标题分别为空白和“共有文件”的标签。编写程序，使得驱动器列表框与目录列表框、目录列表框与文件列表框同步变化，并且在标签 Label1 中显示当前文件夹中文件的数量。能够正确实现上述功能的程序是____。

```
A. Privme Sub Dirl_Change()
   File1. Path=Dirl. Path
   End Sub
   Private Sub Drivel_Change()
   Dirl. Path=Drivel. Drive
   Label1. Caption=File1. ListCount
   End Sub
```

```
B. Private Sub Dirl_Change()
   File1. Path=Dirl. Path
   End Sub
   Private Sub Drivel_Change()
   Dirl. Path=Drivel. Drive
   Label1. Caption=File1. List
   End Sub
```

```
C. Private Sub Dirl_Change()
   File1. Path=Dirl. Path
   Label1. Caption=File1. ListCount
   End Sub
   Private Sub Drivel_Change()
   Dirl. Path=Drivel. Drive
   Label1. Caption=File1. ListCount
   End Sub
```

```
D. Private Sub Dirl_Change()
   Filel. Path=Dirl. Path
   Label1. Caption=File1. List
```

```
    End Sub
Privme Sub Drivel_Change()
    Dirl．Path=Drivel．Drive
    Label1．Caption=File1．List
    End Sub
```

30．以下关于菜单的叙述中，错误的是____。

A．在程序运行过程中可以增加或减少菜单项

B．如果把一个菜单项的 Enabled 属性设置为 False，则可删除该菜单项

C．弹出式菜单在菜单编辑器中设计

D．利用控件数组可以实现菜单项的增加或减少

31．下列关于控件的叙述中，正确的一条是____。

A．Visual Basic 只提供了标准控件和鼠标控件

B．Visual Basic 提供了标准控件、ActiveX 控件和可插入对象

C．Visual Basic 只提供了 ActiveX 控件

D．Visual Basic 只提供了鼠标控件和键盘控件

32．用户按下并且释放一个会产生 ASCII 码的键时被触发的事件是____。

A．KeyPress　　B．KeyDown　　C．KeyUp　　D．KeyCode

33．编写如下事件过程：

```
Private Sub Form_C1ick()
Dim a As Integer,b As Integer
a=10:b=20
Call pl(a,b)
Print"a=";a; "b=";b
End Sub
Private Sub pl(ByVal x As Integer,Y As Integer)
x=5
y=x+y
End Sub
```

程序运行时，单击窗体后，窗体上显示的值是____。

A．a=10　b=20　　B．a=10　b=25

C．a=5　b=25　　D．a=5　b=20

34．当 Visual Basic 的通用对话框 CommonDialog 控件的 Action 属性的值为 2 时，显示的是____。

A．文件打开对话框　　B．打印机对话框

C．帮助对话框　　D．另存为对话框

35．使按钮获得焦点的方法是____。

A．GotFocus　　B．LostFocus

C．SetFocus　　D．Move

二、填空题

请将每一个空的正确答案写在序号为【1】～【15】的横线上。注意：以命令关键字填空的必须拼写完整。

1．在线性结构中，第一个结点没有前驱结点，其余每个结点有且只有【1】个前驱结点；最后一个结点没有后继结点，其余每个结点有且只有【2】个后继结点。

2．数据结构是相互之间存在一种或多种特定的关系的数据元素的集合，它包含3个方面的内容，分别是逻辑结构、物理结构和【3】。

3．若对长度为90的线性表进行分块查找，其中每块子表长度为9。如果在索引表查找过程中进行顺序查找，那么平均查找长度为【4】。

4．下面所给出的程序的窗体中包含了一个文本框。当程序运行时，文本框Text1中的内容是【5】。

```
Private Sub Form_Load()
Text1．Text=1
For i=1 To 3
  Sum=Sum+i*i
 Next i
  Text1．Text=Sum
 End Sub
```

5．Visual Basic的标题栏能够显示三个方面的信息，分别是应用程序名称、【6】和当前项目的工作状态。

6．工程资源管理窗口中有三个按钮，单击【7】按钮可以打开窗体设计器，单击【8】按钮可以打开代码编辑器。

7．下列过程的功能是计算若干数据的总和，参数的个数可以改变，例如，既可以计算1、2、3的和为6，又可以计算1、2、3、4、5的和为15。填空补充程序【9】、【10】。

```
Private Sub Commandl _C1ick()
  Dim s As Integer
  s=0
  Sum s,1,2,3
  Print"sum_3="; S
  s=0
  Call Sum(s,1,2,3,4,5)
  Print"sum_5="; s
End Sub
Private Sub Sum(s   As Integer,【9】)
  Dim x As Variant
  For  【10】
    s=s+x
  Next x
 End Sub
```

8．在窗体上画两个文本框，其名称分别为 Text1 和 Text2，然后编写如下事件过程。当程序运行后，如果在 Text2 文本框中输入“efghi”，则 Text1 文本框中的内容为【11】。

```
Private Sub Form_ Load()
      Show
      Text1．Text=" "
Text2．Text=" "
      End Sub
      Private Sub Text2_KeyDown(KeyCode As Integer，Shift As Integer)
      Text1．Text=Text1．Text+Chr(KeyCode - 4)
      End Sub
```

9．在打开的文件对话框中，如果单击“取消”按钮退出对话框，那么 FileName 属性的值是【12】。

10．下列程序的执行结果是【13】。

```
Private Sub Commandl _C1ick( )
n=1
m=0
Do While n<20
m=m+n
n=n*(n+1)
Loop
Print m
End Sub
```

11．有如下 Sub 过程，当 a=90、b=36 时，执行 CALL　ab(a，b)语句后，输出的值是【14】。

```
Sub ab(x,y)
If y=0 Then
Print x
E1se
Call ab(y,x Mod y)
End If
End Sub
```

12．组合框是组合了文本框和列表框的特性而组成的一种控件。【15】风格的组合框不允许用户输入列表框中没有的项。

答案

一、选择题

1．A	2. A	3.B	4.B	5.B
6．B	7.D	8.D	9.C	10.A
11．C	12.C	13.A	14.B	15.D
16．D	17.B	18.A	19.B	20.D

21．D	22.D	23.B	24.D	25.C
26．C	27.C	28.D	29.C	30.B
31．B	32.A	33.B	34.D	35.C

二、填空题

1.【1】1　　　　　　【2】1

2.【3】算法

3.【4】10.5

4.【5】　14

5.【6】当前工程名称

6.【7】查看对象　　　　【8】查看代码

7.【9】 ParamArray Num( )　　　【10】 Each x In Num

8.【11】ABCDE

9.【12】空字符

10.【13】9

11.【14】 18

12.【15】下拉式列表框

附录 C 计算机等级考试笔试模拟试卷及答案（二）

一、选择题

下列各题 A、B、C、D 四个选项中，只有一个选项是正确的。

1．在一个具有 n 个结点的有序单链表中插入一个新结点并仍然有序的时间复杂性为____。

A．O(1)　　B．O(n)　　C．$O(n^2)$　　D．$O(\log_2 n)$

2．若进栈序列为 1，2，3，4，5，并且在它们进栈的过程中可以进行出栈操作，那么不可能是出栈序列的是____。

A．1，3，2，5，4　　B．1，2，5，4，3

C．4，3，2，1，5　　D．3，5，1，4，2

3．线性结构中的一个结点代表一个数据元素，通常要求同一线性结构的所有结点所代表的数据元素具有相同的特性，这意味着____。

A．每个结点所代表的数据元素都一样

B．每个结点所代表的数据元素包含的数据项的个数要相等

C．不仅数据元素所包含的数据项的个数要相同，而且对应数据项的类型要一致

D．结点所代表的数据元素有同一特点

4．以下术语中，与数据的存储结构有关的是____。

A．队列　　B．栈　　C．二叉树　　D．堆

5．结构化分析方法是一种面向____的需求分析方法。

A．对象　　B．数据结构　　C．控制流　　D．数据流

6．数据库系统的核心部分是____。

A．数据模型　　B．数据库

C．数据库管理系统　　D．计算机硬件

7．下列类型中，____不属于数值常量的类型。

A．整型　　B．长整型　　C．单精度型　　D．货币型

8．对于用户自定义的数据类型，以下四种描述中，错误的是____。

A．记录类型中的字符串必须是定长字符串

B．其变量如果在窗体模块中定义，则必须加关键字 Private

C．记录类型的定义必须放在模块的声明部分，先定义再使用

D．数据类型元素名可以是任何数据类型

9．阅读下面的程序：

```
n1=InputBox("请输入第一个数：")
n2=InputBox("请输入第二个数：")
  Print   n1+n2
```

当输入分别为 111 和 222 时，程序输出为____。

A．111222　　B．222　　C．333　　D．程序出错

10．下面关于 InputBox 函数的说法中，不正确的是____。

A．InputBox 函数的第一个参数是 Prompt，表示在对话框中显示的信息，主要用来提示用户输入

B．InputBox 函数第二个参数是 Title，表示对话框的标题，显示在对话框窗口顶部的标题栏区

C．InputBox 函数必须有 Prompt 参数

D．InputBox 函数必须有 Title 参数

11．表达式 Sgn(−2)−3.5 的值是____。

A．−1.5　　B．−2.5　　C．−3.5　　D．−4.5

12．当运行程序时，系统会自动执行启动窗体的某个事件过程。该事件过程是____。

A．Unload　　B．Load　　C．GotFocus　　D．Click

13．下面关于文本框的说法中，错误的说法是____。

A．Text1．Caption="Hello"，是在文本框 Text1 中显示 Hello

B．Text1．Locked=True，设置该文本框 Text1 不能编辑

C．Text1．PasswordChar="#"，设置文本框 Text1 输入的字符都显示为#，但实际接收的还是输入的内容

D．Text1．Visible=False，设置该文本框 Text1 不可见

14．有如下程序：

```
Private Sub Form_Click()
Dim check As Boolean,n As Integer
check=False
n=0
Do
DO While n<10
  n=n+1
  If   n=5 Then
    check=True
    Exit Do
  End if
  Print n;
  Loop
Loop Until check=True
End Sub
```

程序运行后，输出的结果是____。

A．1　2　3　　　　　　　　　　B. 1　2　3　4

C．1　2　3　4　5　　　　　　　D. 1　2　3　4　5　6

15．有如下程序，运行输出的结果是____。

```
s=0
    Do
      s=(s+1)*(s+2)
      n=n+1
    Loop Until S>=30
    Print n;s
```

A．0　1　　　　B．30　30　　　　C．4　30　　　　D.3　182

16．在窗体上画一个命令按钮，然后编写如下代码：

```
Private Sub Commandl_ Click()
Open"d：\vb\test．txt" For  Input  As  #1
Print  LOF(1)
Close  #1     '
```

End Sub 假设文件“d：\vb\test．txt”的内容为“I am a student.”，那么程序运行后，单击命令按钮，其输出结果为____。

A．13　　　　B．14　　　　C．15　　　　D．16

17．编写如下事件过程，当程序运行后，为了在窗体上输出“BBBB”，应执行的操作为____。

```
Private Sub Form_MouseDown(Button As Integer,_
  Shift As Integer,X  As Single,Y As Single)
  If Shift = 6 And Button=2 Then
  Print "BBBB"
  EndIf
 End Sub
```

A．同时按下 Shift 键和鼠标左键

B．同时按下 Shift 键和鼠标右键

C．同时按下 Ctrl、Alt 键和鼠标左键

D．同时按下 Ctrl、Alt 键和鼠标右键

18．执行下面的程序，输出的结果是____。

```
Private Sub Commandl_ Click()
ch$="Welcome to China! "
n=Len(ch$)
For i=1 To n-1
s$=Mid(ch$,I,1)
If SS="o"Then m=m+1
Next i
```

```
Print m
End Sub
```

A．1　　B．2　　C．8　　D．0

19．不属于 Visual Basic 中的循环结构是____。

A．For…Next 型　　B．While…Wend 型

C．Do…Until 型　　D．Do While…loop 型

20．执行下面的程序，输出的结果是____。

```
    Private Sub Commandl_ Click()
i=1
While i<4
        i=i+1
        s=s+i^2
Wend
      Print s
End Sub
```

A．10　　B．13　　C．29　　D．54

21．在窗体上画一个命令按钮 Command1 和两个文本框，名称分别为 Text1 和 Text2。编写如下两个事件过程：

```
 Dim str As String，strl As String
 Private Sub form_load()
   Text1．Text=" "
   Text2．Text=" "
   Text1．Enabled=False
   Text2．Enabled=False
End Sub
Private Sub Form KeyPresS(KeyAscii As Integer)
     str=str&Chr(KeyAscii)
End Sub
Private Sub Form KeyDown(KeyCode As Integer,Shift As Integer)
     strl=strl&Chr(KeyCode)
End Sub
Private Sub Command1_ C1ick()
     Text1．Text=Str
     Text2．Text=strl
     Str=" "
     strl="     "
End Sub
```

当在设计阶段把窗体的 KeyPreview 属性设置为 True 时，程序运行过程中，在键盘上输入小写字母 abc，然后单击命令按钮，则文本框 Text1 中显示的内容为____。

A．abc　　B．不显示任何信息　　C．ABC　　D．出错

22．以下程序运行时，输出的结果是____。

```
a$="China"
b$=Right$(a$，3)：c$=Strings(3，b$)
Print   c$
```

A．Chi　　B．aaa　　C．iii　　D．ina

23．设 *x* 和 Y 均为整型变量，则执行程序中的循环后，Y 的值为____。

```
    X=1
    Y=1
    Do While Y<=50
If   X>=10 Then
    Exit Do
    End If
    If(X Mod 2)=1 Then
    X=X+5
    End If
    If   x Mod 2<>1 Then
    x=x-3
    End If
    Y=Y+1
    Loop
```

A．2　　B．4　　C.6　　D.8

24．下列程序的执行结果是____。

```
Private Sub Commandl _Click( )
For i=1 To 4
x=2
For j=1 To 3
x=1
F0r k=1 To 2
x=x+3
Next k
Next j
Next i
Print x
End Sub
```

A．7　　B．6　　C．56　　D．72

25．假设在窗体 Forml 上加一通用对话框控件 CommonDialog1，用语句 CommonDialog1．ShowOpen 建立打开文件对话框，那么从该对话框中单击“确定”按钮退出对话框时，为了得到用户所选择的文件的路径及文件名，应该使用 CommonDialog1 的属性是____。

A．DefaultEXT　　B．DialogTitle

C．FileName　　D．FileTitle

26．在窗体上画一个命令按钮，然后编写如下事件过程：

```
    Option Base 1
Private Sub Commandl_Click()
    Dim a
    a=Array(1,3,5,7,9)
    j=1
    For i=5 To 1 Step -1
      s=s+a(i)*j
      j=j*10
    Next i
    Print s
End Sub
```

运行上面的程序，单击命令按钮，其输出结果是____。

A．97531　　B．135　　C．975　　D．13579

27．在设计应用程序时，通过____窗口可以查看到应用程序工程中的所有组成部分。

A．属性窗口　　B．工程资源管理器窗口

C．代码窗口　　D．窗体设计窗口

28．以下对 Visual Basic 的 Sub 过程的有关描述中，正确的是____。

A．调用子过程时，只能把实参的值传送给形参，形参的值不能传送给实参

B．子过程既可以嵌套定义，又可以递归调用

C．子过程没有返回值

D．具有调用关系的所有过程必须放在同一个模块中

29．下列关于菜单的叙述中，错误的一条是____。

A．菜单项的索引号可以不连续

B．每个菜单项都是一个控件，与其他控件一样也有其属性和事件

C．菜单项的索引号必须从 1 开始

D．除了 Click 事件之外，菜单项不可以响应其他事件

30．在窗体上画一个名称为 CommonDialog1 的通用对话框，一个名称为 Command1 的命令按钮。要求单击命令按钮时，打开一个保存文件的通用对话框。该窗口的标题为“Save”，默认文件名为“SaveFile”，在“文件类型”栏中显示*．txt。则能够满足上述要求的程序是____。

```
A. Private Sub Command_Click()
    Commondialogl. FileName="Savefile"
    Commondialogl. filter="All Files|*. *| (*.txt) |*. txt| (*. doc). | *. doc"
    CommonDialogl. FilterIndex=2
    CommonDialogl. Dialog. Title="Save"
    CommonDialogl. Action=2
    End Sub
```

```
B. Private Sub Command1_ Click()
    CommonDialogl. FileName="SaveFile"
    CommonDialogl. Filter="All Files|*. *| (*.txt) |*. txt| *. doc| *. doc"
    CommonDialogl. FilterIndex=1
    CommonDialogl. DialogTitle="Save"
    CommonDialogl. Action=2
    EndSub
```

```
C. Private Sub Command1_C1ick()
    CommonDialogl. FileName="Save"
    CommonDialogl. Filter="All Files|*. *| (*.txt) |*. txt| (*. doc) | *. doc"
    CommonDialogl. FilterIndex=2
    CommonDialogl. DialogTitle="SaveFile"
    CommonDialogl. Action=2
    EndSub
```

```
D. Private Sub Command1_Click()
    CommonDialogl. FileName="SaveFile"
    CommonDialogl. Filter="All Files|*. *| (*.txt) |*. txt| (*. doc). | *. doc"
    CommonDialogl. FilterIndex=1
    CommonDialogl. DialogTitle="Save"
    CommonDialogl. Action=1
    EndSub
```

31．以下属性和方法中，可以重定义坐标系的是____。

A．DrawWidth 属性　　B．ScaleMode 属性

C．DrawStyle　　D．Scale 方法

32．下面的四个数组说明语句语法正确的是____。

A．Dim a[10]　　B．Def fn(10)

C．Dim a(10)　　D．Dimension a(10)

33．多重窗体程序设计中，将窗体装入内存进行操作而不显示出来的语句为____。

A．Forml．show　　B．Forml．close

C．Load　Form1　　D．Close　Form1

34．菜单编辑器的窗口中编辑区中共有 7 个按钮，其中向右的箭头表示____。

A．产生内缩符号　　B．取消内缩符号

C．向前移动菜单项　　D．向后移动菜单项

35．在窗体上画一个通用对话框，其名称为 CommonDialog1，然后再画一个命令按钮，并编写如下事件过程：

```
Private Sub Command1_C1ick()
  CommonDialog1.    Flags=cdlOFNHideReadOnly
  CommonDialog1. Filter ="All Files(*. *)|*. *| Text   Files"&_
        " (*. txt) | *. txt |Batch   Files (*. bat) | *. bat"
  CommonDialog1. FilterIndex=2
```

```
    CommonDialog1. ShowOpen
    MsgBox CommonDialog1. FileName
End Sub
```

程序运行后，单击命令按钮，将显示一个“打开”对话框，此时在“文件类型”框中显示的是_____。

A. All Files(*. *)　　B. Text Files(*. txt)

C. Batch Files(*. bat)　　D. 不确定

二、填空题

请将每一个空的正确答案写在序号为【1】～【15】的横线上。注意：以命令关键字填空的必须拼写完整。

1. 若线性表的长度经常发生变化，那么该线性表应采用的存储结构是【1】。

2. 在树型结构中，树根结点没有【2】结点，其余每个结点有且仅有【3】个前驱结点；树叶结点没有结点，其余每个结点的【4】结点数不受限制。

3. 软件开发过程中所使用的资源一般包括：【5】、软件资源和硬件资源。

4. 如果要在文本框中显示垂直滚动条，则必须把【6】属性设置为 2，同时还应把 Multiline 属性设置为 True。

5. 在窗体上加上一个富文本控件 RichTextBox，画一个命令按钮，当单击命令按钮的时候将显示“打开文件”对话框，设置该对话框只用于打开文本文件，然后在复文本控件中显示打开的文件内容。

```
Private Sub Command1_C1ick()
  CommonDialog1. Filter= 【7】
  CommonDialog1. ShowOpen
  RichTextBox1. FileName= 【8】
End Sub
```

6. 在窗体上利用菜单编辑器设计一个主菜单项“菜单控制”（Name 属性值为 mnuMenu），然后为其设计一个子菜单项“增加菜单”（Name 属性值为 mnuAdd），另外设置一个标题为空的菜单项（控件数组），其 Name 属性值为 mnuDyn，Index 值为 0，Visible 属性值为 False；然后编写以下程序来实现增加菜单项的功能。

```
Dim  IndexId  AS Integer
Private Sub mnuAdd_C1ick()
  Dim mnuCaption As String
  mnuCaption=InputBox("请输入菜单项的标题")
    IndexId= 【9】
   【10】 mnuDyn(IndexId)
  mnuDyn(IndexId). Caption=mnuCaption
  mnuDyn(IndexId). 【11】 =True
End Sub
```

7．假定建立了一个工程，该工程包括两个窗体，其名称（Name 属性）分别为 Form1 和 Form2，启动窗体为 Form1。在 Form1 画一个命令按钮 Command1，程序运行后，要求当单击该命令按钮时，Form1 窗体消失，显示窗体 Form2，请将程序补充完整。

```
Private Sub Command1_Click()
  【12】   Me
  Form2．【13】
End Sub
```

8．下列程序的功能是求 33^6 的个位和十位数的值，请填空补充程序。

```
Private Sub Commandl_C1ick()
  n=1
  For i=1 To 6
  n=n*33
  n=n Mod 100
  Next i
  m=   【14】
n=   【15】
Print"十位是";n;"个位数是";m
End Sub
```

答案

一、选择题

1．B	2．D	3.C	4.C	5.D
6．C	7．C	8.D	9.A	10.D
11．D	12．B	13.A	14.B	15.D
16．C	17．D	18.B	19.C	20.C
21．A	22．C	23.C	24.A	25.C
26．D	27．B	28.C	29.C	30.B
31．D	32．C	33.C	34.A	35.B

二、填空题

1．【1】链式存储结构

2．【2】前趋　　【3】一　　【4】后继

3．【5】人员资源

4．【6】Scrollbars

5．【7】"Text Files(*．txt)|*．txt"　　【8】CommonDialog 1．FileName

6．【9】IndexId+1　　【10】Load　　【11】Visible

7．【12】 Unload　　【13】Show

8．【14】 n Mod 100　　【15】n＼10

附录 D 计算机等级考试上机模拟试卷与指导（一）

1．新建一个窗体，在窗体上添加命令按钮 Command1、Command2、Text1，设置 Command1 的标题为“交换”，当单击 Command1 时，交换 Command2 标题和 Text1 内容。

【答案】参考答案如下：

```
Private Sub Form_ Load()
Command1．Caption="交换"
End Sub
Private Sub Command1 _C1ick()
s_temp=Command2．Caption
Command2．Caption=Text1．Text
Text1．Text=s_ temp
End Sub
```

设计窗体如图 D-1 所示，程序运行画面如图 D-2 所示。

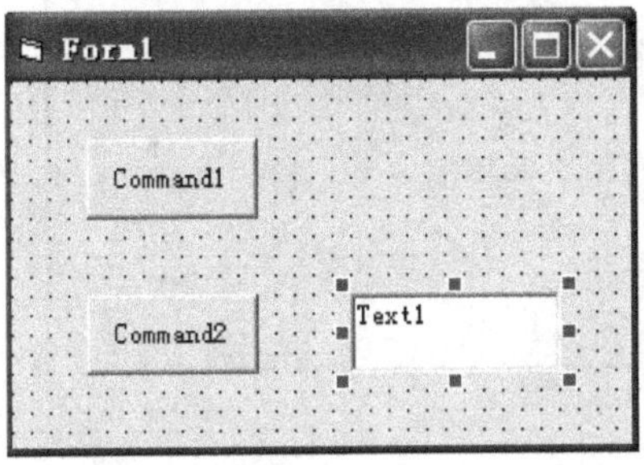

图 D-1

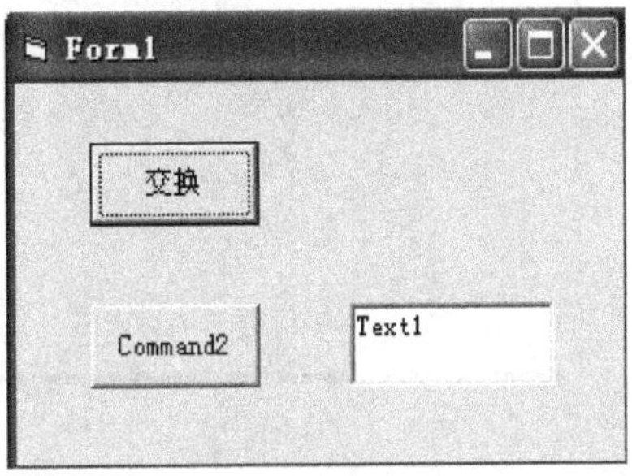

图 D-2

单击命令按钮 Command1 后，变为如图 D-3 所示的画面。

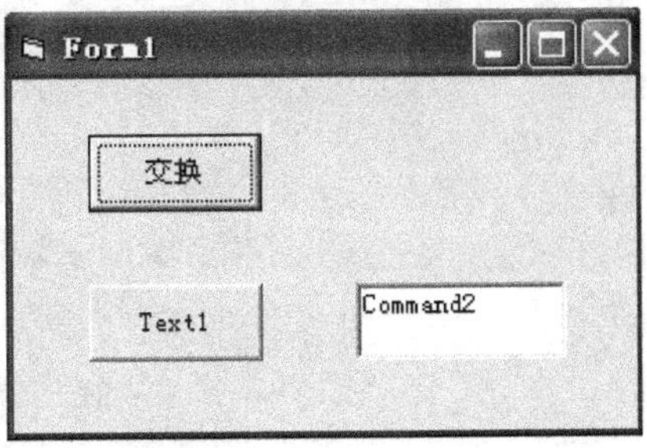

图 D-3

【指导】本题主要考察命令按钮的标题 Caption 属性，文本框的内容属性 Text，以及借助于中间变量来交换两个字符串。

2．在窗体上建立一个标签，两个复选框（标题分别为“粗体”和“斜体”），两个单选按钮（标题分别为“9”、“12”）。实现单击复选框改变标签为粗体或斜体，单击单选按钮改变标签的字体大小。

【答案】参考答案如下：

```
Private Sub Checkl_C1ick()
Label 1．FontBold=Not  Label 1．FontBold
End Sub
Private Sub Check2_Click()
Label1．FontItalic=Not  Labell．FontItalic
End Sub
Private Sub Optionl_C1ick()
Labell．FontSize=9
End Sub
Private Sub Option2_Click()
Label1．FontSiZe=12
End Sub
```

设计窗体如图 D-4 所示，程序运行画面如图 D-5 所示。

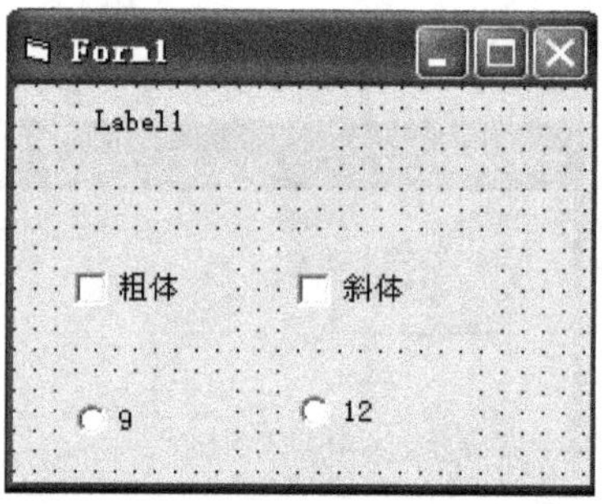

图 D-4

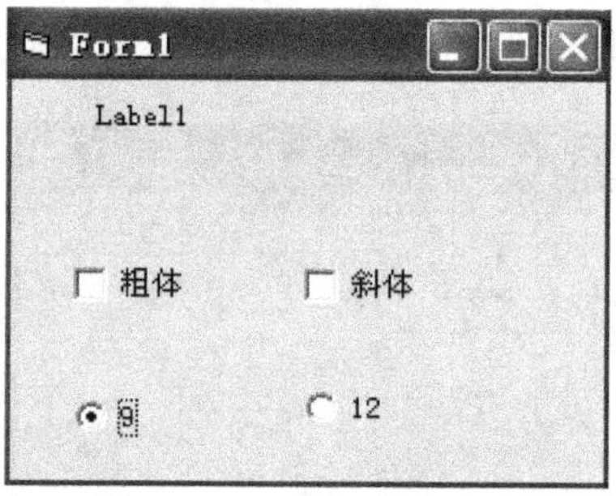

图 D-5

单击复选框和单选按钮后，如图 D-6 所示。

图 D-6

【指导】本题主要考察标签对象有关字体的几个属性，其中FontBold、FontItalic属性为粗体、斜体，其值可以是True或False。FontSize属性为字体大小，其值为整数。

3．在窗体上添加一个列表框和标签，在程序中给列表框添加“计算机”、“英语”、“哲学”、“高等数学”。当用鼠标双击列表框的元素时，让标签显示所单击列表框元素的内容。

【答案】参考答案如下：

```
Private Sub Form_Load()
List1．AddItem "计算机"
List1．AddItem "英语"
List1．AddItem "哲学"
List1．AddItem "高等数学"
End Sub
Private Sub List1_DblClick()
Label1．Caption=Listl．Text
End Sub
```

设计窗体如图D-7所示，程序运行画面如图D-8所示。

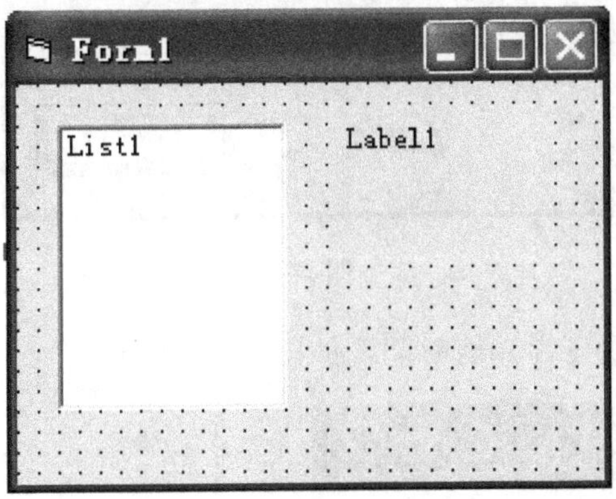

图D-7

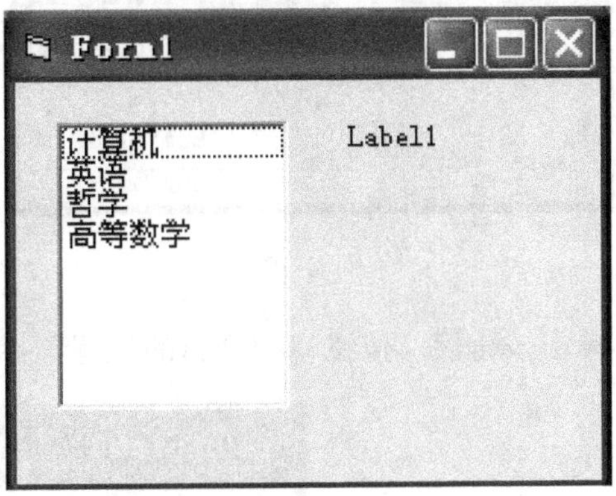

图D-8

双击列表框，则将其内容显示在标签中，如图D-9所示。

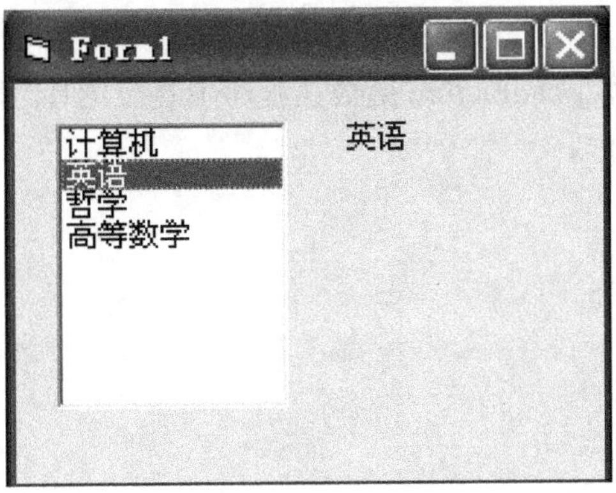

图D-9

【指导】本题主要考察列表框的 AddItem 方法，以及列表框的 DblClick 事件。

4．在程序里设置窗体最小化时的图标为当前目录下的 audio.ico，在窗体添加一个命令按钮，当单击该按钮时，设置窗体的标题为当前时间，并将按钮移动到坐标为(100,100)的位置。

【答案】参考答案如下：

```
Private Sub Form_Load()
Form1．Icon=LoadPicture("audio．ico")
Command1．Caption="move"
End Sub
Private Sub Command1_Click()
Command1．Move 100,100
Form1．Caption=Time( )
End Sub
```

设计窗体如图 D-10 所示。程序运行画面如图 D-11 所示，窗体的图标已经改变。

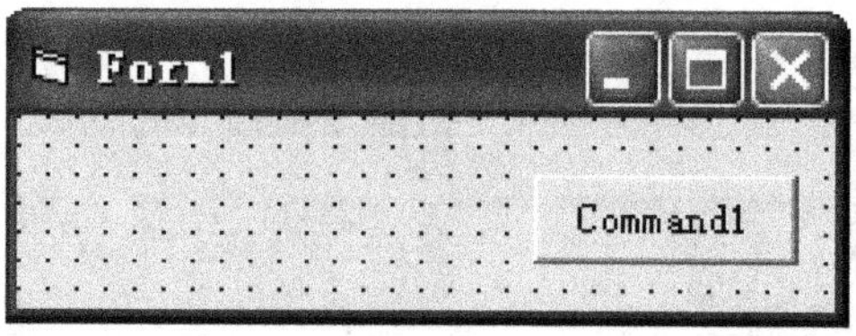

图 D-10

图 D-11

单击按钮后，按钮移动到新的位置，标题变为当前时间，如图 D-12 所示。

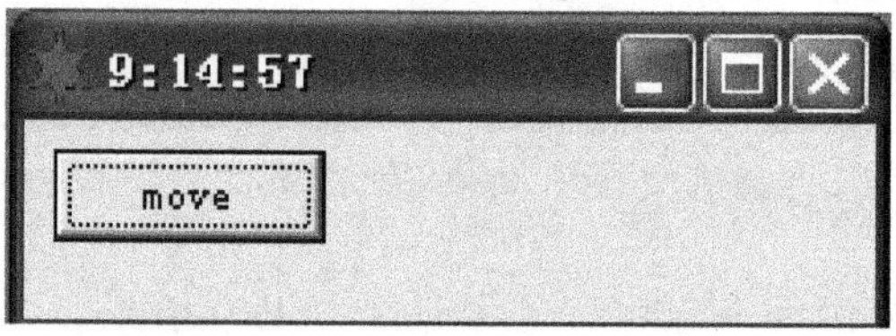

图 D-12

【指导】本题主要考察 LoadPicture 函数在程序中装载图片，显示时间调用 Time 函数，以及移动对象的方法 Move。

附录 E 计算机等级考试上机模拟试卷与指导（二）

1．编程实现数字时钟。程序运行后，在窗体标题上显示当前日期，在窗体上动态显示当前时间。

【答案】参考答案如下：

```
Private   Sub Form_ Load()
Timer1．Interval=1
Timer1．Enabled=True
Label1．FontSize=24
Label1．AutoSize=True
Me．caption=Format(Date, "yyyy 年 mm 月 dd 日")
End Sub
Private   Sub Timerl_ Timer()
Label1．Caption=Format(Now, "hh：mm：ss")
End Sub
```

设计窗体如图 E-1 所示，程序运行画面如图 E-2 所示。

图 E-l

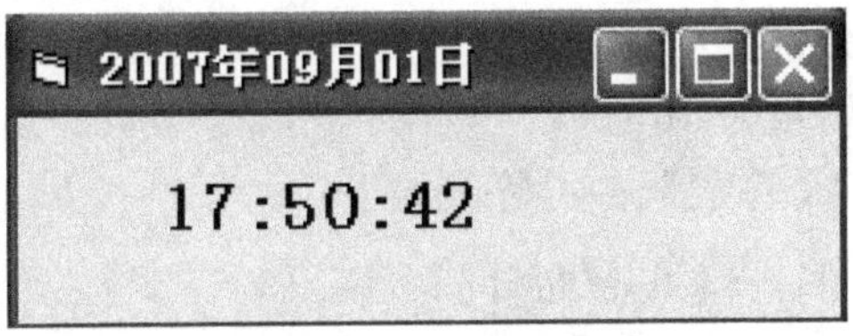

图 E-2

【指导】本题主要考察利用 Visual Basic 中的定时器控件。

2．在文本框上单击鼠标右键，弹出菜单，包括三个菜单项，分别是“大写”、“小写”和“正常”。当选择“大写”，则将文本框中的内容全部转换为大写；当选择“小写”，则将文本框中的内容全部转换为小写；当选择“正常”，则将文本框中的内容恢复为输入的内容。

【答案】设计窗体如图 E-3 所示，菜单设计如图 E-4 所示。

程序运行画面如图 E-5 所示。当在文本框上单击鼠标右键，弹出菜单，选择“大写”后的画面如图 E-6 所示。

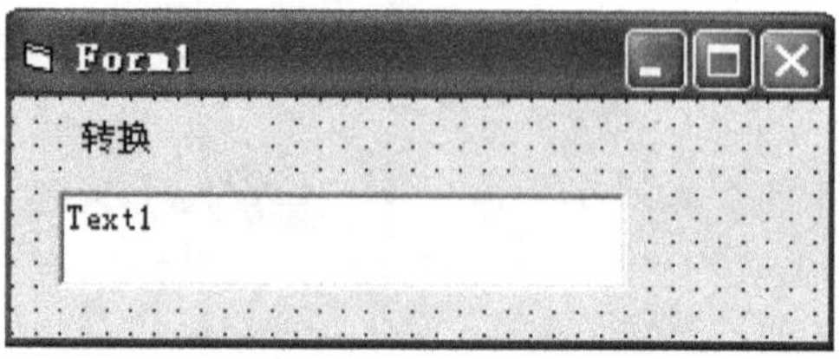

图 E-3

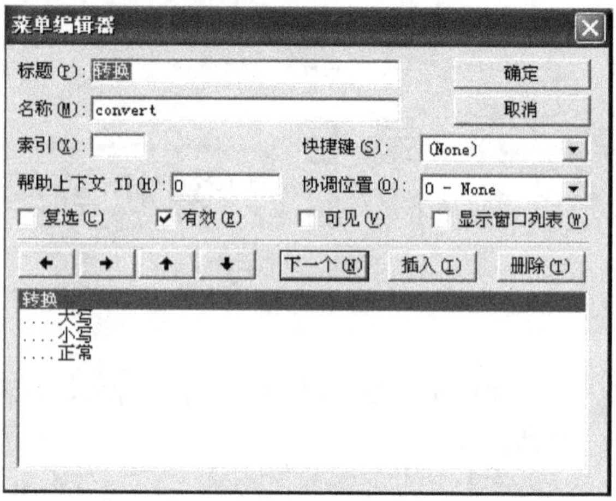

图 E-4

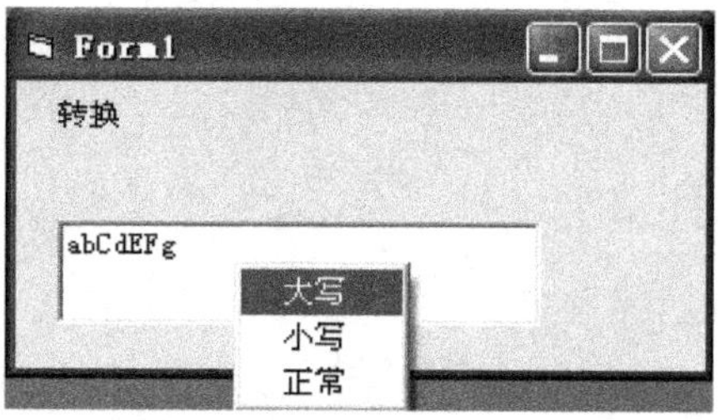

图 E-5

图 E-6

3．在窗体上添加一个垂直滚动条和水平滚动条，当用鼠标单击时，在两个标签控件里分别显示其值。同时要求：设置滚动条的最大值为 100，鼠标操作滚动条空白处时滑块的增量为 10。

【答案】参考答案如下：

```
Private Sub Form_ Load()
HSCroll1．Max=100
VSCroll1．Max=100
HSCroll1．LargeChange=10
VSCroll1．LargeChange=10
Show_scroll
End Sub
Private Sub HScroll1_ Change()
Show_ Scroll
End Sub
Private Sub VScroll1_ Change()
Show_ Scroll
End Sub
Sub Show_ Scroll()
Label1．CaPtion="x="&HSCroll1．Value
```

```
Label2．Caption="v="＆VSCroll1．Value
End Sub
```

设计窗体如图 E-7 所示，程序运行画面如图 E-8 所示。

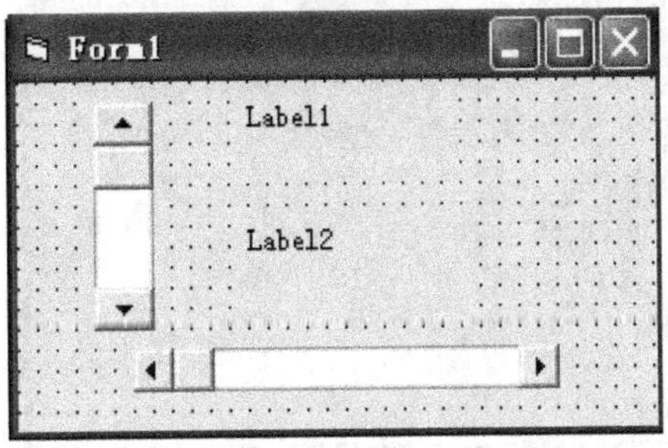

图 E-7

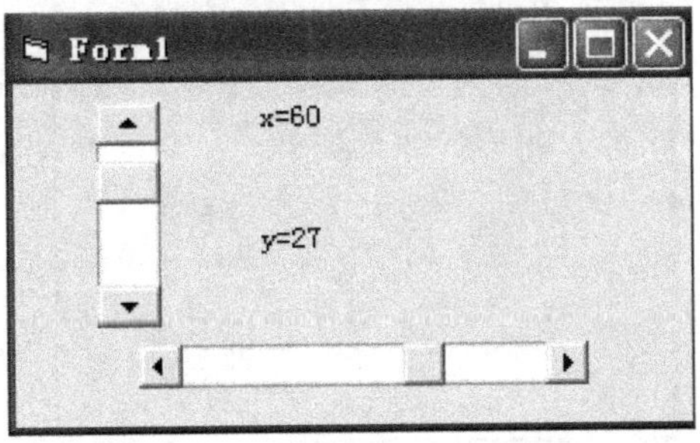

图 E-8

4．在名称为 Form1 的窗体中建立两个名称分别为 Optl 和 Opt2，标题分别为“本科生”、“研究生”单选框。如果选“本科生”单选按钮，则在窗体上显示“我是本科生”；如果选“研究生”单选按钮，则在窗体上显示“我是研究生”，如图 E-9 所示。

【指导】本题主要考查单选按钮 OptionButton 的使用方法，用 Print 方法在窗口中显示文本，用 Cls 方法清除之前在 Form 上输出的文本。

（1）启动 Visual Basic6.0，新建一个“标准 EXE”工程。

（2）在窗体中添加两个单选按钮，并设置其 Caption 属性分别为“本科生”、“研究生”，如表 E-1 和图 E-10 所示。

表 E-1　属性设置

对　　象	属　　性	属　性　值	说　　明
单选按钮 1	Name	Optl	本科生单选按钮的名称
	Caption	本科生	本科生单选按钮的标题
单选按钮 2	Name	Opt2	研究生单选按钮的名称
	Caption	研究生	研究生单选按钮的标题

（3）分别为单选按钮的 Click 事件编写代码，代码如下：

```
Public str_Iam
Private Sub Form_Load()
str_Iam ="我是"
End Sub

Private Sub Opt1_Click()
Cls
Print str_Iam &Opt1.Caption
End Sub

Private Sub Opt2_Click()
```

```
Cls
Print str_Iam &Opt2.Caption
End Sub
```

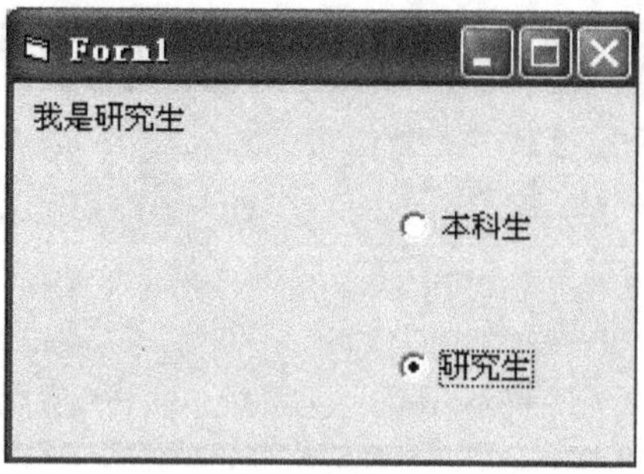

图 E-9

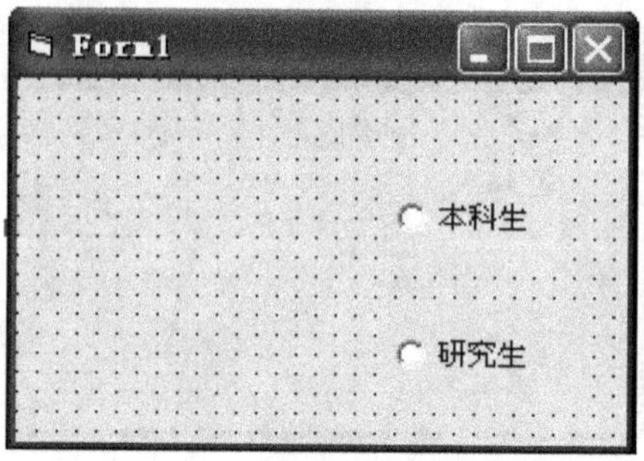

图 E-10